L'OPTIQUE
DES
COULEURS.

L'OPTIQUE DES COULEURS,

Fondée sur les simples Observations, & tournée sur-tout à la pratique de la Peinture, de la Teinture & des autres Arts Coloristes.

Par le R. P. CASTEL, *Jesuite.*

A PARIS,

Chez BRIASSON, rue Saint-Jacques, à la Science.

M. DCC. XL

Avec Approbation & Privilege du Roy.

TABLE DES CHAPITRES ET DES MATIERES.

SECONDE PARTIE.

Fin de la Table.

L'OPTIQUE

L'OPTIQUE DES COULEURS,

Fondée sur les simples Observations & tournée sur-tout à la Pratique de la Peinture, de la Teinture & des autres Arts Coloristes.

LE célebre M. Newton s'est flatté, & ses Disciples l'ont repeté bien haut, que l'Optique, à peine ébauchée avant lui, étoit désormais épuisée, par son moyen. Voici une petite partie des découvertes immenſes que j'entrevois qui y reſtent à faire. Ce grand homme a travaillé ſur les couleurs accidentelles, & comme incorporelles du Priſme & de l'Arc-en-ciel. Rien n'eſt plus curieux que la génération artificielle & les combinaiſons expérimentales de ces Phénomenes brillans. Je me ſuis ſurtout attaché aux couleurs ſubſtantielles & uſuelles des Peintres, des Teinturiers & de toutes ſortes de Coloriſtes, n'aimant guéres une ſimple ſpéculation, qui n'eſt d'aucun uſage pour la ſocieté civile ; & me défiant beaucoup des expériences perſonnelles qu'un ou deux Artiſtes ſçavans, font avec beaucoup de recherche, & avec une adreſſe aprêtée dans leur cabinet. J'ai mes expériences, cela n'eſt pas douteux. Mais je n'y fais de fonds qu'autant qu'elles ſe rapportent aux expériences d'autrui, ſurtout des Artiſtes de profeſſion ; & c'eſt l'obſervation & l'hiſtoire même de la nature & des arts communs, qui me dirige uniquement dans toutes mes ſpéculations.

Ires. OBSERVATIONS.

SUR LE NOIR ET LE BLANC.

BIen des Philoſophes ont regardé le noir & le blanc, comme une négation de couleur ; & je les ai moi-même excluës juſqu'ici, de la claſſe des vraies couleurs.

M. Newton a trouvé que le blanc, c'eſt à-dire la lumiere vive du ſoleil, partagée par un Priſme en toutes ſortes de couleurs, ſe revivifioit en blanc, par une loupe qui réüniſſoit de nouveau toutes ces couleurs en un foyer. D'où il a conclu que le blanc étoit le mêlange de toutes les couleurs.

Les Philoſophes, anterieurs au ſçavant Anglois, avoient dit que du blanc ſe faiſoient toutes les couleurs. Mais ils ne ſçavoient pas peut-être, que de toutes ces couleurs ſe recompoſoit le blanc.

La pratique des Teinturiers me fit connoître, il y a quelques années, qu'il en étoit du noir comme du blanc. Car pour teindre une étoffe blanche en noir, ils la teignent d'abord en beau bleu, ils la garancent enſuite, c'eſt-à-dire la teignent en rouge, &c.

Or cette pratique eſt tellement la bonne, & la ſeule bonne, pour faire un bon noir, que les Ordonnances du Roi, dreſſées ſous le miniſtere éclairé de M. de Colbert, preſcrivent ſous des peines convenables, aux *Teinturiers du grand & bon Teint*, de gueſder, garancer,

&c. c'eſt-à-dire de teindre en bleu, en rouge, &c. les étoffes qu'ils veulent mettre en noir.

Et la même pratique s'obſerve chez les Chapeliers mêmes, pour le noir des chapeaux. On voit bien que ces expériences ſont les vraies, & qu'un Philoſophe ne doit pas tant être un Artiſte qu'un Obſervateur; un Artiſte n'ayant que des expériences perſonnelles, un Obſervateur ayant celles de tout l'univers pour ſes garants.

Là-deſſus j'ai conclu, 1°. Que le noir eſt l'aſſemblage des couleurs ſombres, & le blanc l'aſſemblage des couleurs vives.

2°. Que ni le blanc, ni le noir ne ſont l'aſſemblage des couleurs, mais la deſtruction des couleurs, dont les impreſſions diverſes ſe détruiſent; & cela tout auſſi-bien dans le gris, qui tient le milieu, que dans le blanc & le noir, qui sont les extrêmes. Car le gris est un vrai clair obscur, formé par le mêlange du blanc & du noir, témoin les cendres qui sont un mêlange de chaux blanche, & de petites parcelles de charbon noir : ces cendres étant d'autant plus blanches qu'elles sont mieux calcinées, & moins mêlées de charbon à demi brûlé. Les Peintres & les Teinturiers ne font le gris pur qu'avec du blanc & du noir.

3°. Que le noir fait le noir, & le blanc fait le blanc ; c'est-à-dire, que le blanc est la lumiere vive, & le noir la lumiere foible.

Tels sont nos noirs & nos blancs vulgaires. Car nous n'en avons guéres de parfaits.

Nos noirs sont visibles, quoiqu'en disent les Philosophes, & quoique j'en aye peut-être dit moi-même jusqu'ici avec eux. C'est que ces noirs dont je parle, ont toujours un mêlange de blanc ou de lumiere, ou de parties refléchissant la lumiere ; & seroient mieux nommés des gris noirs, que des noirs tout court. Mais il faut laisser le langage tel qu'il est, pourvû qu'on le donne pour ce qu'il est.

Nous avons des noirs plus noirs les uns que les autres, ce qui seul démontre ce que je viens de dire. Il n'y a pas deux encres également noires, pas deux chapeaux, pas deux teintures ; & les divers corps noirs, marbres, jayet, noir de fumée, noir d'ébene, noir de serrure, &c. sont inégalement noirs.

Le vrai noir parfait & absolu, sont les ténébres pures, s'il y en a. Je ne crois pas que personne le nie, ou le puisse nier. Nos noirs sont donc, comme nos gris, un mêlange de ténébres & de lumiere, plus ou moins, c'eſt-à-dire un mêlange de parties, ou petits corps, dont les uns réflechiſſent, & les autres abſorbent la lumiere.

Nos blancs vulgaires mêmes, ont un mêlange de parties qui abſorbent, & de parties qui renvoyent la lumiere; ou ſi l'on veut encore, de parties qui renvoyent vivement la lumiere, & d'autres parties qui la renvoyent foiblement.

Plus un blanc a de parties qui renvoyent, ou qui renvoyent plus vivement la lumiere, plus il eſt blanc.

Or nous avons en effet des blancs plus ou moins blancs, n'y en ayant pas deux qui ſoient également blancs. Le marbre blanc, le linge blanc, le blanc d'Eſpagne, le blanc de plomb, le blanc d'œuf, le blanc de lait, la neige, &c. forment des blancs divers & inégaux.

Nos blancs ſont plûtôt des gris, gris-blancs, comme nos noirs ſont des gris-noirs.

Nous avons des blancs éblouïſſans, plus ou moins. La neige frapée du ſoleil éblouït; le cuivre, le fer fondus dans un fourneau, font un blanc éblouïſſant.

Le blanc pur n'eſt que la lumiere pure. La flâme eſt communément un beau blanc, & plus elle eſt vive, plus elle éblouït.

Comme les ténébres ſont la ſource du noir, le ſoleil eſt la ſource de la lumiere, & le vrai blanc ſource de toute blancheur.

Nos blancs affoibliſſent toujours beaucoup la lumiere en la réflechiſſant, ſoit parce qu'ils en reflechiſſent peu, ſoit parce que la reflexion l'affoiblit infiniment.

La lune qui eſt blanche, affoiblit beaucoup la lumiere du ſoleil, par les deux causes que je viens d'assigner. Elle a beaucoup de parties obscures qui absorbent la lumiere, & affoiblissent sa blancheur. En certain tems la lune est d'un blanc ébloüissant, Venus aussi.

Les étoiles sont blanches, & en géneral il paroît que la blancheur ne consiste que dans une abondance de lumiere vive & forte, sans beaucoup de mêlange de ténébres, c'est-à-dire, sans beaucoup d'interruption de rayons.

En suivant l'analogie des sons & des couleurs, j'avois jusqu'ici comparé le noir & le blanc d'un côté, au silence des sons de l'autre côté.

Car on arrive à ce silence, soit en descendant à des sons graves & bas, soit en montant à des sons élévés & aigus; & il me paroissoit que les couleurs se dégradoient aussi, soit en s'enfonçant dans le noir, ſoit en s'élevant au blanc.

Une perſonne extremement éclairée que le reſpect me défend de nommer, m'a oppoſé que le noir étoit viſible, & le blanc à plus forte raiſon ; au lieu que le ſilence des ſons eſt également inauditible des deux côtés, ſoit en montant, ſoit en deſcendant.

Que répondre à une objection reſpectable par ſa vérité, comme dans ſon principe, ſi ce n'eſt qu'elle eſt vraie, & que ma comparaiſon n'étoit pas éxacte ?

Abſolument le noir mene aux ténébres qui ſont le noir parfait, & un pur ſilence de couleurs & de lumiere. Quelqu'un diroit que le blanc eſt un ſilence, ſinon de lumiere, du moins de couleurs.

Dans un ouvrage d'obſervation & d'hiſtoire naturelle, comme eſt celui-ci, je ne veux rien dire de litigieux. Le silence où menent les sons en montant, comme en descendant, est un silence de sons comme de tons.

Les couleurs sont analogues aux tons: la lumiere est analogue au son en géneral. Mon analogie seroit imparfaite, si je comparois le blanc, qui est très-parlant, au silence des sons aigus, qui est très-muet.

Mais voilà un embarras, dont je ne me serois jamais tiré que d'une maniere vague, sans le secours de l'objection à laquelle je viens de me rendre.

Tel est l'avantage des critiques qui partent d'une bonne main; en dissipant l'erreur, elles apportent de nouvelles lumieres, & de nouvelles vérités.

L'embarras dont je viens de parler, consiste en ce que voyant facilement que la dégradation de la lumiere & des couleurs par le noir, aboutit à un vrai ſilence de lumiere, & de couleurs ; on ne voit pas ſi bien, comment en montant au blanc, on aboutit à un ſilence des unes & des autres.

Un certain inſtinct méne cependant à le croire ainſi. Frappé, aidé de l'objection en queſtion, j'ai remarqué que le ſon dégradé au grave, aboutit au ſilence par la lenteur extrême des vibrations d'un grand corps frappé, ſoit corde, ſoit tuyau.

L'objection même m'apprend que des vibrations trop lentes percent l'air, ſans le comprimer, ſans le vibrer, ſans le lançer, avec cette force, qui le fait trembler & parler.

Le ſon aigu rendu par un corps de peu d'étenduë, par une corde fort courte, ou par un petit ſiflet, excite dans ce corps des vibrations vives & promptes, ausquelles le corps se refuse, lorsque par trop de petitesse, ses vibrations devroient être infiniment promptes & vives, de même qu'une giroüette se refuse au mouvement d'une balle de fusil, qui la perce, sans l'ébranler.

Le trop de vivacité produisant donc le silence des sons, comme le trop de lenteur, je comprends enfin qu'une lumiere trop vive peut aboutir à un silence de lumiere, comme une lumiere trop foible.

Effectivement une lumiere trop vive éblouit, & ne se laisse point voir, comme des sons trop vifs & trop perçans peuvent rendre sourd.

Toutes les extrémités, dit-on, se touchent. Une lumiere trop foible, trop peu abondante, ne se laisse point voir. Une lumiere trop vive fait plus; elle ôte la vûë. Le soleil brûle l'œil qui s'obstine à le regarder; & un jour vif empêche de voir les objets qui y sont exposés.

On m'a cité l'expérience de l'image du soleil, & d'un jour éblouïssant, qu'on porte par-tout, lorsqu'on en sort. On porte aussi dans l'oreille un tintement qui dure quelque tems, au sortir d'un bruit glapissant.

Cela n'est pas cependant particulier aux lumieres vives, ni aux sons vifs. Au sortir des ténébres, ou d'un jour fort modéré, l'œil les retrouve, & ne voit rien de quelque tems dans un jour plus vif. De grosses cloches bourdonnent longtems, aux oreilles qui les ont entenduës quelque tems.

L'habitude de trembler d'une certaine maniere, ne s'efface pas tout d'un coup dans l'œil, non plus que dans l'oreille & dans les autres sens. Les organes se montent à l'unisson, de tout ce qui les affecte d'une maniere particuliere, pendant un tems. Le mouvement sur-tout d'oscillation ou de tremblement, est facile à prendre. C'est à-peu-près le mouvement tonique & naturel de tous nos organes, n'y eût-il que le battement du cœur & des arteres, pour leur donner le ton.

IIes. OBSERVATIONS.

Sur la Distinction précise du Coloris & du Clair obscur.

N'Ayant parlé que des couleurs abstraites, sans en caracteriser aucune, si ce n'est par les angles de leurs rayons prétendus; & du reste n'ayant pas dit un mot du coloris, ni à plus forte raison du clair obscur, ni du dessein; comment M. Newton

Newton a-t-il pû croire & faire accroire à ses Disciples, qu'il avoit épuisé l'Optique ? Car c'est-là l'Optique, comme on le verra par la suite de ce livre.

Il y a comme cela dans les sciences, je ne puis m'empècher de le dire, mille fausses notions, mille faux éloges, mille fausses critiques, qui en bornent tout-à-fait le progrès. J'excuse un peu un inventeur qui s'enthousiasme en faveur de sa découverte, & la croit supérieure à tout, & comme tout. L'amour propre est si rafiné, si à l'épreuve même du génie le plus inventif, & le plus pénétrant. Croira-t-on que cet amour propre fasse plus d'illusion encore à des Disciples, qui ne sont que des copistes fort imparfaits, qu'à leur Maître même ?

Cela n'est pas douteux : un Cartesien triomphera d'Aristote, un

Newtonien de Descartes, avec plus de complaisance, que ne l'auroient osé faire Descartes ou Newton. C'est précisément là ce qui caracterise le génie du Disciple, & celui du Maître. C'est l'ignorance de celui-là qui le rend si avantageux. Il ne connoît la science qu'il traite, que par le Maître chez qui il l'a puisée. Newton a dit que c'étoit là toute l'Optique; son Disciple qui ne l'a étudiée que chez Newton, s'en rapporte à lui, & insulte à tous les siécles; au passé, qui n'en avoit pas approché; à l'avenir, qui ne pourra aller plus loin; & au présent, qui ne se presse pas de ratifier la docilité impérieuse d'un écolier qui épouse la cause de son Maître.

L'Optique avoit consisté jusqu'ici en quatre grandes sciences, bien fournies de Géometrie, & de vraie Physique.

Une de ces Sciences étoit l'Optique proprement dite, ou l'Optique en géneral, traitant de la vision, des angles visuels, de la lumiere directe, de sa diffusion, de la grandeur, des distances, de l'illumination des objets, &c.

La seconde étoit la Perspective, unique fondement solide jusqu'ici de la Peinture, espece d'Optique judiciaire, représentant en effet les objets d'une façon, pour les faire imaginer d'une autre, par l'habitude où l'expérience met notre œil, de juger des vraies positions, formes, distances réelles par les apparentes, qui le plus souvent ne leur ressemblent en rien; car ce sont des surfaces, qui représentent des corps; des lignes, qui représentent des surfaces ; des points pour des lignes, des angles très-obliques pour des angles droits, &c.

La troiſiéme eſt la Catoptrique, qui traite de la lumiere réflechie par les miroirs, plats, concaves ou convexes. Et la quatriéme, la Dioptrique qui roule ſur la refraction de la lumiere, les lunettes, les téleſcopes, les microſcopes; & par occaſion un peu ſur les couleurs, parce qu'effectivement leur théorie tient à la réfraction.

Dans ma Mathematique, ayant preſſenti la vaſte étenduë qu'alloit prendre déſormais le Traité des Couleurs, à ces quatre parties j'en ai ajoûté une cinquiéme ſous le nom de *Chromatique*, à laquelle j'ai attribué cette théorie, trop reſſerrée juſqu'ici dans la Dioptrique, qui eſt par elle-même une aſſez vaſte ſcience.

De tout tems la Peinture, ou pour parler juſte, le Deſſein, a eu dans la Perſpective un fondement inébranlable. Toute cette partie eſt démontrée, comme la Géometrie. Auſſi a-t-on vû plus de ſçavans Deſſinateurs, que de gracieux Coloriſtes, & juſqu'ici même ceux qui ont excellé dans le Deſſein, les Apelles, les Raphaëls, ont maintenu leur ſupériorité pittoreſque ſur ceux qui ont excellé dans le coloris, les Zeuxis, les Titiens; quoiqu'on puiſſe dire que, ſi la nature ſe ſoutient par le Deſſein, elle s'annonce, nous prévient & nous attache par le coloris, qui eſt comme le ris de la nature & de l'art même.

La Chromatique, ou la partie des couleurs, eſt donc juſqu'ici ſans Théorie pittoreſque, ni Mathematique, & ſans aucune regle, ſi ce n'eſt de goût & de génie, ou peut-être d'yeux & d'habitude; regles vagues, & de litterature génerale, de poësie, d'éloquence, de musique, de danse, de stile, de discours, plûtôt que de Peinture, bien loin que ce soient comme celles du Dessein & de la Perspective, des regles de Géometrie ou de Mathematique.

Les Peintres, je veux le croire, ont leurs regles en eux-mêmes, que l'usage leur donne, comme dans tous les Arts & Métiers, regles que les Maîtres transmettent à leurs éleves, plus par l'exemple, muet cependant, & par la correction qu'ils font de leurs ouvrages, que par des réflexions précises, & par des préceptes bien articulés.

Sur le Dessein même & la perspective, ces Messieurs ont aussi leurs regles d'usage & d'habitude, qui passent de bouche en bouche, & que le modéle seul & la correction perpetuent; la plûpart ignorant les regles des Géometres, ou s'en moquant, comme d'une inutile ſpéculation.

Ma remarque eſt pourtant toujours vraie, que nous avons toujours eu de plus grands Deſſinateurs, que de ſçavans Coloriſtes; & je ne crois pas me tromper, lorſque j'attribuë cette ſupériorité conſtante, à celle de la théorie reguliere du Deſſein, ſur celle du Coloris, qui n'a point de regles.

Il n'en a réellement aucune, & toute cette partie eſt dans la plus étrange confuſion. Un ſeul point où les modernes me paroiſſent avoir encheri ſur les anciens à cet égard, eſt la diſtinction préciſe, qu'ils ont faite de la Chromatique en coloris, & en clair obſcur: je dis la diſtinction préciſe, en ce qu'ils l'ont articulée avec cette préciſion, ſans ſe piquer beaucoup de l'expliquer, & d'en articuler les vraies notions, confondant l'un avec l'autre à tous momens dans leurs discours, & dans leurs préceptes vagues & géneraux.

C'est pourtant par ces notions vraies & précises, que doit commencer toute la doctrine des couleurs. Il ne suffit pas de parler tantôt du clair obscur, tantôt du coloris, comme de deux choses à part; il faut en bien constater la distinction par le caractere propre & la nature spécifique, de chacune de ces deux parties essentielles de la Chromatique.

Je n'attribuë qu'à la confusion où les Peintres ont laissé cette moitié de leur bel Art, l'erreur des Physiciens mêmes sur la nature des couleurs, qu'ils ont manifestement confonduës avec le clair obscur, lorsqu'il lorſqu'ils les ont fait conſiſter dans un ſimple mélange de l'ombre & de la lumiere.

Le clair obſcur manifeſtement n'eſt que cela : mais autre choſe eſt la couleur, & il paroît que la nature y fait un peu plus de façon.

Le raiſonnement de M. Newton, qui défie de faire des couleurs, en mêlant du noir & du blanc, dit quelque choſe contre cette penſée philoſophique. Mais on pourroit lui repliquer que ces mélanges-là ſont trop groſſiers.

On pourroit fortifier l'argument, en faiſant tomber une ou pluſieurs ombres dans des endroits où l'on feroit auſſi tomber pluſieurs lumieres, & en remarquant que ces mélanges d'ombre & de lumiere, de quelque façon qu'on les combine, & quelque fins qu'ils ſoient, ne produiſent pourtant jamais aucune couleur.

L'obſervation dont je parle eſt facile à faire, & je la crois utile pour l'intelligence du clair obſcur. Car on peut faire des clairs obſcurs ou des ombres de toutes les teintes, de tous les degrés à l'infini.

La choſe dépend du nombre, de la diſpoſition & de la vivacité des lumieres, & de la diſpoſition des corps opaques ou demi opaques interpoſés, Car on peut faire en ſorte qu'un corps jette ſon ombre ſur l'ombre d'un autre corps éclairé par une autre lumiere : on peut faire tomber une lumiere ſur une ombre qui n'en ſera pas totalement effacée, & faire même en ſorte qu'un ſeul corps ayant pluſieurs lumieres derriere ſoi, forme des ombres graduées, & les unes plus ſombres que les autres.

Le plus court eſt de mêler du noir & du blanc en diverſes doſes, pour faire des gris gradués, noirs, blancs & moyens, comme à l'infini.

Le clair obſcur, je le repete, n'eſt que cela, c'eſt-à-dire un mélange d'ombre & de lumiere, de noir & de blanc; un gris, en un mot, de toutes les doſes & teintes poſſibles, entre le noir & le blanc.

Mais le coloris, ou la couleur, ajoûtai-je, eſt toute autre choſe. Une couleur peut differer d'une autre en coloris, & être la même par le clair obſcur; ou être différente en clair obſcur, & la même par le coloris.

Avec une même pâte de couleur, par exemple, avec du bleu de Pruſſe, on peut, en y mêlant du blanc de plus en plus, faire des bleux, de plus en plus clairs, différens en clair obſcur, mais toujours bleux, & les mêmes pour le coloris.

Cela n'eſt pas particulier à la Peinture. Les Teinturiers en laiſſant plus ou moins tremper une étoffe blanche dans une forte cuve d'indigo, ou en y retrempant plus ou moins ſouvent cette étoffe, ou en trempant diverſes étoffes pareilles dans des cuves plus ou moins fortes, plus ou moins affoiblies, font des bleux, toujours vrais bleux, & du même dégré de coloris, très-différens en clair obſcur; les uns bleux noirs, ou *bleux d'enfer*, comme ils les appellent; les autres *bleux céleſtes*, *bleux mignons*, *bleux pâles*, *bleux mourans*, &c.

Et cela encore n'eſt point particulier au bleu. Avec une cuve de cochenille, de graine d'écarlatte, de garance, les Teinturiers font le même pour les rouges; & les Peintres le font avec la laque, plus ou moins coupée avec du blanc.

Il n'y a pas de dégré de coloris simple ou composé, sur lequel on ne puisse opérer la même diversité, par le blanc, ou s'il le faut, par le noir.

Car il y a des couleurs, c'est-à-dire, des drogues, qui portent leur noir avec soi; & il y en a d'autres, qui portent leur blanc. Par exemple, le bleu de Prusse, l'indigo, l'inde, la lacque, le stil de grain, la terre d'ombre, &c. sont naturellement des couleurs foncées, plus ou moins, & il n'y faut que du blanc à la plûpart, pour en varier les teintes de clair obscur, à l'infini.

Au lieu que le carmin, par exemple, tient un certain milieu de clair obscur, au moins lorsqu'on l'employe à l'huile, & il y faudroit du noir, pour le brunir, comme du blanc pour l'éclaircir. La cendre bleue tient auſſi un certain milieu ; l'ocre de ruë auſſi, en fait de jaune ; le vermillon auſſi, en fait de rouge.

Il y en a d'autres, qui ſont tout-à-fait claires, comme le maſſicot en jaune, un certain bleu d'émail, &c. L'orpin jaune, le jaune de Naples ſont aſſez clairs.

Il en eſt de même chez les Teinturiers. Ils ont des drogues, qui ne leur ſçauroient donner que des couleurs claires, qu'ils ſont obligés de rabattre avec du noir, c'eſt-à-dire, avec la galle & la couperoſe, pour en brunir le teint.

IIIes. OBSERVATIONS.

SUITE DE LA DISTINCTION du Coloris, & du Clair obscur.

Avec l'éclairciſſement des équivoques de langage en cette matiere.

J'Ai paſſé dans tout ceci ſur quelques formalités de méthode, dont le ſcrupule auroit beaucoup retardé cet ouvrage. Je ſuis une méthode aiſée de dire ſimplement les choſes l'une aprés l'autre, ſous des titres naturels, ſelon qu'une certaine routine naturelle me les préſente. C'eſt-là ce qui m'avoit d'abord fait donner à cet ouvrage e ſimple nom de Projet.

La méthode au reſte que je ſuis ici, eſt parallele à celle de l'Optique en forme de M. Newton, qui ne s'eſt pas gêné ſur l'article, mettant ſes expériences les unes après les autres, ſous le titre de Chapitres eſpacés à ſon gré, comme je mets mes Obſervations. En quoi il a pourtant eu ſoin de paſſer du plus connu au moins connu, choſe que je tâche auſſi d'obſerver, ayant toujours l'œil ſur le total de ce que je dois dire.

Ayant donc fait remarquer une différence de couleurs, ou plûtôt de drogues claires, & d'autres naturellement foncées; je remarquerai que celles-ci, qui portent leur noir avec elles, ſont les meilleures.

C'eſt ici une Obſervation très-importante dans la théorie des couleurs. Ce noir naturel, qui eſt dans la couleur, n'eſt qu'une abondance de couleur, une couleur bien nourrie, qui n'a beſoin que de blanc ou de clair, pour être dévélopée, & qui ſe ſoutient à merveille au milieu de ce blanc.

Cela eſt facile à démontrer par cela ſeul que ces couleurs foncées vont teindre une quantité d'étoffes, c'eſt-à-dire, donner une ſurface de couleur, mille fois plus grande que les couleurs claires, & legeres de coloris ; & cela, tant en Teinture, qu'en Peinture. Rien ne foiſonne tant dans la Teinture que l'indigo. Et dans la Peinture, le même indigo eſt extrêmement couvrant ; & le bleu de Pruſſe qui y fait une plus belle couleur, eſt extrêmement couvrant.

Je ne connois pas l'outremer par moi-même : je veux pourtant m'en inſtruire. Je ne ſuis pas Peintre, & cette drogue eſt d'un prix ſupérieur à mon état. Mais quelque ami m'en procurera l'étude, & je vais interroger les Experts : ce n'eſt ici qu'un projet où il m'eſt permis de laiſſer des pierres d'attente.

En géneral les couleurs foncées & nourries de couleur, sont les meilleures, soit parce que c'est une espece de mine abondante, soit parce que le blanc les dévélope à merveille, & en tire des nuances toujours belles, & de même coloris.

Il n'en est pas de même des couleurs claires par elles-mêmes, & ausquelles il faut du noir pour les brunir. Ce noir absorbe en quelque sorte la couleur, souvent la dégrade, l'altere, la détruit, & va quelquefois par l'impression caustique que le feu lui donne, jusqu'à changer son ton de coloris.

Car les noirs de la Peinture sont la plûpart des productions du feu, & le feu laisse toujours quelque chose de corrosif & de brûlant dans les corps qui ont reçu sa vive impression. Quelques-uns veulent que ce ſoient des parties ignées, & d'un vrai feu, qui reſtent dans les chaux, dans les cendres, dans les charbons, dans les fumées. Les noirs des Peintres ſont la plûpart des fumées, ou des charbons.

Dans la Teinture, on obſerve le même effet des noirs qu'on donne aux couleurs claires par elles-mêmes; ce qui doit venir de la couperoſe, dont la corroſion cauſtique eſt inconteſtable.

Les bruns qu'on donne à une couleur claire, font ce qu'on appelle les couleurs *tannées*, qui ſont fort ternes, & ont quelque choſe de ſale & de gris, qui altere le ton de la couleur.

Cela eſt, & cela doit être. Imaginons qu'on trempe un bleu clair dans une cuve de bleu, il en ſortira bleu foncé, tout auſſi beau dans son ton d'obscur, qu'il pouvoit l'être dans son ton de clair. C'est de la couleur ajoûtée à une couleur.

Imaginons ensuite que ce bleu clair soit trempé dans une cuve de noir, pour y prendre le même ton de brun, que dans la cuve de bleu. Il est visible qu'avec le même ton de clair ou d'obscur, il n'aura plus le même ton de coloris, parce que c'est une négation de couleur, au moins, ajoûtée à une couleur.

Ne confondons rien cependant. Il peut n'arriver ici que ce qui arrive dans la Musique, où le son peut être alteré & affoibli sans que le ton change : ainsi dans les tannés la couleur pourroit être affoiblie & moins voyante, moins belle, moins pleine, sans cesser d'être le même ton, ni de coloris, ni de clair obscur. Il y a ici bien d'autres choses que la Musique seule peut éclaircir : mais ce n'est pas le lieu d'approfondir davantage cette circonstance accidentelle.

Cette matiere est toute sémée d'équivoques, par celles des noms divers qu'on donne aux diverses Teintes de la même couleur, & par les mêmes noms qu'on donne aux diverses nuances de couleurs.

Par exemple on appelle bleux, le vrai bleu, le céladon qui tire au verd, & le bleu violent qui tire au violet. On appelle rouge le couleur de feu, qui est le vrai ; le cramoisi, qui va au violet ; & l'orangé, qui va au jaune. Les violets & les verds sont encore plus équivoques.

D'un autre côté, on regarde comme divers dégrés de coloris, le cramoisi, la giroflée, le couleur-de-chair, le couleur-de-rose, quoiqu'on puiſſe les faire ſûrement d'une même pâte en Peinture, ou d'une même cuve en Teinture, l'ayant du reſte fait mille fois moi-même par ces deux Arts, & ſçachant bien que les Peintres le font le plus ſouvent, ſans s'en appercevoir, & les Teinturiers auſſi, mais avec plus de connoiſſance. Car les Teinturiers, ſoit dit ſans déplaire à perſonne, ſont les vrais Artiſans des couleurs; au lieu que les Peintres les employent, comme toutes faites, n'y ajoûtant que de petites façons en paſſant, ſans autre attention, que celle d'en compoſer leur Tableau.

Différence eſſentielle: les couleurs ſont l'unique but du Teinturier. Chez le Peintre elles ne ſont qu'un moyen. Il eſt naturel que le Maçon qui manie la pierre, la tâte, la forme, la connoiſſe mieux que l'Architecte, qui en forme un bâtiment.

Une nouvelle preuve que le coloris, & le clair obscur sont deux choses bien différentes, c'est qu'on peut peindre en coloris, ou en simple clair obscur. Ce qu'on appelle le simple dessein, ne se fait qu'en clair obscur, noir & blanc, sans aucune autre couleur.

La Peinture peut absolument se passer des couleurs, pour représenter toutes choses; mais elle ne peut se passer de clair obscur, parce qu'elle ne peut se passer de dessein.

Le clair obscur peut se passer de couleur; mais la couleur ne peut se passer de clair obscur; le clair obscur est la base, la couleur n'est qu'un accident. Quelque couleur qu'on prenne, elle a son dégré de clair obscur; au lieu que tout dégré de clair obscur, n'est pas essentiellement teint de couleur.

Je crains les disputes de noms ; autant qu'il me semble que d'autres les aiment. Le noir & le blanc sont, dit-on, des couleurs ; & chaque dégré de clair obscur sera donc une couleur. Si on le veut, j'y consens. Mais il me semble que ce langage n'est pas juste & philosophique.

Par couleur, on entend une lumiere teinte & modifiée de quelque nouvelle façon. Au lieu que le clair obscur n'est évidemment qu'un simple mélange de lumiere simple, & d'ombre pure : le noir & le blanc eux-mêmes, n'étant, l'un qu'une ombre mêlée de peu de lumiere, l'autre qu'une lumiere mêlée d'un peu d'ombre.

Cependant, comme il est difficile dans le mélange où sont toutes choses, d'avoir de purs noirs,

&

& de purs blancs, ſans quelque teinte legere de bleu, de rouge, &c. & que la ſource même de la lumiere, le ſoleil, paroît avoir une petite teinture de jaune, d'où lui vient le nom de *Blond-Phébus*, je conſens que le noir & le blanc ſoient traités de couleurs.

Mais cela même peut encore faire ici une mauvaiſe équivoque. Car ſi le noir & le blanc ne ſont couleurs que par la teinture des autres couleurs, & qu'on les traite de noir bleuâtre, de blanc jaunâtre, on n'a pas droit de les traiter de couleur tout court, & par eux-mêmes. Enfin, ſi le noir, le blanc & les gris qui réſultent de leur mélange, ſont des couleurs, elles font une claſſe à part; & il importe à la Peinture, à la Teinture, & à tous les Arts, de les bien diſtinguer, de les bien caracteriſer, par le secours de la Physique, c'est-à-dire de l'Observation & de la Géometrie; & de remarquer sur toutes choses.

Que tout dégré de clair obscur peut convenir à tout dégré de coloris : c'est-là le point capital que j'établis ici : & je dis qu'il n'y a pas de couleur, pas de nom de couleur, qu'on ne puisse joindre au clair, à l'obscur, & à tous leurs dégrés intermédiaires : & qu'en un mot,

Il y a des bleux bruns, des verds bruns, des rouges bruns, des violets bruns, des céladons bruns, nommés *verds-canards*, des orangés bruns, nommés *canelle*, des aurores bruns, des isabelles bruns, nommés *caffé*, &c. & réciproquement des caffés clairs, des verds-canards clairs, &c.

Car voilà le fort de l'équivoque

le violet clair, m'a t-on dit, n'est pas violet; il s'appelle gris-de-lin: l'aurore brun n'est pas aurore, il est caffé: l'orangé n'est jamais brun: l'isabelle est essentiellement très-clair.

Je ne veux point changer le langage, ni l'embroüiller: je ne cherche au contraire qu'à l'expliquer. Quand je parle d'aurore brun, d'orangé brun, de couleur-de-chair brun, je parle d'une nuance, qui étant toujours la même, quant au coloris, n'est diversifiée que par le noir dont on l'a mêlée; je parle en un mot par analogie au nom de brun, ou de clair, qu'on donne au bleu, au verd, &c.

Qu'on prenne par exemple de la laque pure, qu'on en enduise une toile, elle fera du violet. Qu'on mêle ensuite du blanc avec cette laque, & qu'on en couvre une autre toile, c'eſt du gris-de-lin, ſi l'on veut; mais il ne m'eſt pas défendu de l'appeller du violet clair: & le gris-de-lin, quoiqu'on en diſe, eſt violet, a un air violet. Le violet eſt un rouge bleuâtre; or le gris-de-lin a quelque choſe de rouge & de bleuâtre en même tems.

Les couleurs ont des noms généraux de couleur, & des noms particuliers. Il faut bien diſtinguer les uns des autres. Par exemple, *rouge* eſt un nom géneral, couleur-de-feu, cériſe, ponceau, rubis, ſont des noms particuliers, qui ſe rangent ſous la claſſe des rouges.

L'équivoque vient ſur-tout de ce qu'il y a des dégrés de coloris, qui n'ont point de nom propre, & que les noms particuliers conſacrent trop à un certain dégré de clair obſcur. L'orangé, par exemple, l'aurore, le céladon, ſont dans l'usage des couleurs claires,& d'un certain dégré de clair. De sorte que dès qu'on les fait sortir de ce dégré de clair, & qu'on parle d'orangé brun, d'aurore brun, de violet clair, de céladon foncé, les Peintres, & les autres n'y sont plus ; & s'imaginent qu'on est dans l'erreur, & qu'on ne sçait ce qu'on dit.

Rien ne nuit davantage au progrès de cette science, & de l'Art, qui lui est subalterne : de sorte qu'ayant jusqu'ici parlé là-dessus sans précaution, je m'expliquerai désormais avec plus de reserve, & je donnerai, autant que je pourrai, des noms généraux aux couleurs générales, appellant, par exemple, fauve, ce que j'ai appellé cidevant aurore ; nacarat, ce que j'ai appellé orangé ; bleuâtre, ce que j'ai nommé céladon; jaunâtre, l'olive, &c.

IVes. OBSERVATIONS.

Sur la nature générale, & l'origine des Couleurs, relativement au Clair obscur : & sur le Noir Couleur.

LEs Philosophes étant communément persuadés, au moins avant M. Newton, que les couleurs étoient produites par un mélange d'ombre & de lumiere, ils ont pensé que les couleurs dérivoient du noir & du blanc. Il y en a eu cependant qui n'ont voulu reconnoître que le blanc pour le principe des couleurs, & d'autres les ont voulu dériver du noir. Car en Philosophie, tout a été dit noir & blanc, oüi & non, pour & contre.

Il y a de grandes raisons pour dériver les couleurs du noir. La premiere Obſervation eſt celle du fer mis au feu. D'une eſpece de noir dont il y paroît d'abord, il devient bleu, violet, rouge, jaune, & enfin blanc, ce qui eſt ſon dernier dégré, après lequel il n'y a plus de nouvelles couleurs, à moins que le feu venant à ſe rallentir, il ne retombe du blanc au jaune, du jaune au rouge, au violet, au bleu, au noir.

Il y a bien des nuances mitoyennes, entre ces couleurs: mais les principales paroiſſent être ces trois, bleu, rouge, & jaune, entre les deux extrêmes, noir & blanc; où il paroît que tout vient du noir, pour ſe perdre dans le blanc.

Mais ſi les couleurs ſe perdent dans le blanc, elles ſe perdent auſſi dans le noir: & du reſte il paroît, que c'eſt à l'aide du blanc, ou de la lumiere, qu'elles ſortent du noir.

ou même à l'aide du noir, qu'elles ressortent du blanc, & que tel éclaircissement du noir produit telle couleur; ce qui rendroit les couleurs la production, sinon du mélange, du concours au moins de l'ombre & de la lumiere; sans qu'on puisse trop expliquer ce concours, si ce n'est par une action & une réaction de ces deux agens, produisant de concert, ou par leur contre-réaction, une alternative de mouvement, & de repos, c'est-à-dire, des vibrations, analogues sans doute à celles qui produisent les sons, & les tons de la Musique.

Cette pensée n'est pas nouvelle; mais c'est jusqu'ici la seule qui me paroît vrai-semblable. Je ne puis comprendre que le mélange simple de l'ombre & de la lumiere, comme par paquets de rayons lumineux, & de rayons non-lumineux

neux, puiſſe produire, comme je l'ai remarqué, autre choſe que du ſimple clair obſcur, comme le plus ſimple mélange du noir & du blanc.

Il faut quelque choſe de plus, ai-je dit, pour la couleur : il faut un mouvement tonique divers, pour les diverſes couleurs : mouvement au reſte que j'avoue ne pouvoir fonder ſur des Obſervations immédiates, & ne pouvoir déduire que par maniere d'hypotheſe, de l'analogie, d'ailleurs parfaite entre le ſon & la couleur. Je ne m'y arrête donc pas.

Je reviens aux couleurs qui paroiſſent dériver du noir, d'une maniere cependant que je ne me flatte pas d'expliquer ſi-tôt. Il me ſuffit de ſuivre de près les Obſervations. La premiere couleur qui paroît ſortir du noir, c'eſt-à-dire, du fer mis au feu, eſt le bleu.

Mais en y regardant de plus près, c'eſt une eſpece de violet noirâtre, ou de bleu très-foncé, avec une petite teinte de rouge & de jaune même verdâtre, couleurs qu'une inflammation ſucceſſive ne fait que développer.

Tout ce que je veux remarquer ici, eſt cette premiere couleur équivoque, plus noire qu'autre choſe, & mêlée de bien d'autres couleurs, que le fer préſente, lorſqu'il commence à s'échauffer.

C'eſt un noir en effet, ou approchant : mais un noir illuminé de diverſes couleurs, dont la baſe paroît être un bleu noirâtre, qui rougit peu à peu.

Ce noir m'a donné l'idée d'un *noir couleur*, que je diſtingue du *noir noir*, ou purement noir, tel qu'il eſt produit par le mélange de la noix de galle, & par la couperose.

Ce dernier noir mêlé de blanc, ne donne qu'un simple gris ou clair obscur, sans aucun autre nom de couleur. Mais le noir couleur donne de vraies teintes de couleur par son mélange avec le blanc.

Par exemple le bleu de Prusse, qui est fort noir, empâté d'huile, sans autre mélange, donne toutes les nuances du plus beau bleu, lorsqu'on l'éclaircit avec du blanc. La lacque donne les nuances du rouge, rouge cramoisi ou violet, mêlée de blanc, étant fort noirâtre, lorsqu'elle est toute seule. La terre d'ombre toute seule, est un jaune noirâtre : le bon stil de grain fait avec de la graine d'Avignon, fait un jaune encore plus tirant au noir, & le bistre fait de suye de cheminée, est un jaune fort brun : & tous ces jaunes, ſur-tout le ſtil de grain, rendent toutes les nuances du jaune, étant mêlés de blanc.

Je ne connois pas de couleur plus foncée que ces trois ou quatre, ou cinq, ſi ce n'eſt peut-être l'inde, & une certaine lacque violette extrêmement bleuâtre que j'ai faite quelquefois avec du bois-d'inde, ou de campêche, bois rouge en lui-même, mais dont l'eau eſt ſuſceptible de bien des ſortes de couleurs, jaunes, rouges, bleuës, ſur-tout violettes.

Mais de toutes les couleurs que ce bois donne, il paroît que le noir eſt ſa couleur, ſi c'en eſt une, la plus aſſûrée. Pour peu qu'on le tourmente, il aboutit au noir; ce qui dit quelque choſe pour le ſentiment que j'ai, que le noir eſt un réſultat de toutes les couleurs.

Auſſi n'eſt-il point de meilleures

Teintures noires, ſoit pour les étoffes, ſoit pour les laines, pour les ſoyes, pour les fils, pour les chapeaux mêmes, que celles dont ce bois-d'inde eſt la baſe : & les Ordonnances preſcrivent aux Teinturiers du bon teint, de le faire entrer en bonne doſe dans leurs cuves de noir.

Outre que le ſuc en eſt fort doux, & qu'il corrige la vertu aſtringente de la galle, & ſur-tout l'acrimonie de la couperoſe, rendant les choſes douces & de bonne garde, & les empêchant de brûler; il rend le noir parfait, & lui ôte le gris cendré, que lui donne la galle avec la couperoſe.

L'encre même, on ne ſçauroit la faire bien noire, ſans un mélange de ce bois, avec les ingrediens dont on la compoſe.

Ce n'eſt pourtant point-là ce que

j'appelle ici le noir couleur, quoiqu'on y en découvre un peu l'origine. Car le noir provenant du bois-d'inde, avec la galle, la couperose, & un peu de verd-de-gris, ce qui fait le plus beau noir, a un petit œil de bleu; & presque tous les noirs l'ont. Ce qui me fait soupçonner, avec l'observation du fer au feu, que le bleu est le vrai noir couleur.

J'entens par le noir couleur, de toutes les couleurs la plus noire, celle, qui par elle-même, fait du noir, ou qui approche le plus du noir, & qui est par conséquent la base immédiate de toutes les autres couleurs.

J'ai fait voir ailleurs par des observations moins profondes, que celle-ci, mais que je crois vraies, que le bleu est la couleur mere & primitive, & la base de toutes les couleurs. Je crois la chose exacte.

Qu'on couvre un fond blanc de bleu de Prusse, & qu'on l'en couvre bien, couche sur couche, jusqu'à ce que le blanc du fonds ne perce plus. Qu'on en couvre un pareil de noir, du plus beau, du plus vrai, on n'y appercevra pas une grande différence.

Qu'on trempe de même, & qu'on retrempe la soye ou l'étoffe la plus blanche dans une cuve de bleu, ou qu'on l'y laisse tremper un certain tems, elle en sortira fort noire à la fin.

La cuve même toute entiere du bleu, noircit tout-à-fait, si on la gouverne mal. Je le sçais par les Teinturiers; je le sçais par moi-même, qui puis me citer en qualité de mal-habile Teinturier, à qui il est arrivé plus d'une fois de tourner en noir, sans retour, une disſolution d'indigo, qui m'avoit donné d'abord des Teintures du bleu le plus clair, & de toutes les nuances de clair obſcur.

L'inde, qui eſt une eſpece d'indigo, & qu'il ne faut pas confondre avec le bois-d'inde, donne un bleu pour la Peinture, plus noir que le bleu de Pruſſe. Je n'ai pas eſſayé l'indigo à l'huile ; mais à la détrempe, comme dans la Teinture, je ſçai par bien des expériences, qu'il donne quelque choſe de fort noir.

Je dois remarquer au reſte, que l'huile fonce la plûpart des couleurs. Seroit-ce qu'elle les diviſe mieux que l'eau Or M. Newton prétend que le noir eſt cauſé par des parties extrêmement diviſées & menuës.

Il y a pourtant bien des couleurs que l'huile laiſſe dans leur clair naturel ; & de toutes les couleurs, il n'y en a pas qu'elle fonce plus que les bleuës. Il y a pourtant la cendre bleuë, que l'huile ne noircit pas. C'est le bleu de Prusse, l'inde & sans doute l'indigo, avec la lacque bleuâtre du bois de campêche, qui deviennent comme noirs à l'huile, & même à la détrempe. J'ai dit que je ne connoissois pas l'outre-mer.

Ce qu'il y a de tout-à-fait remarquable, c'est que, soit à l'huile, soit à la détrempe, soit en Peinture, soit en Teinture, le bleu est de toutes les couleurs la plus noire, & par conséquent la seule qu'on puisse qualifier du nom de noir couleur.

Car le *rouge-brun*, ainsi nommé, comme par excellence, est très-clair auprès du bleu de Prusse; & la lacque, qui est une espece de rouge cramoisi, ou même de violet ou de pourpre, a un œil très-vif à côté du bleu de Prusse, & bien plus vif que celui-ci ne l'a auprès du noir, avec lequel on peut confondre assez facilement le bleu de Prusse : mais on ne sçauroit confondre le rouge de lacque.

Pour ce qui est des jaunes, il y a la terre d'ombre, le stil de grain, & le bistre, qui sont très-foncés; mais qui ont toujours l'œil de ce qu'ils sont, un œil même olivâtre, & de couleur de terre, qui les ramene au blanc, au clair : de sorte qu'ils ont même toujours quelque chose de plus clair, que les rouges foncés, la lacque même.

On peut dire que le jaune le plus foncé, que puisse faire la Peinture, ou la Teinture, sort toujours du noir par un clair naturel, qu'a essentiellement cette couleur ; &

qu'on ne ſçauroit la plonger dans le noir, que par le noir même, dont il faut même une grande quantité, pour rabattre cet œil de clarté : & alors la couleur en eſt alterée juſques dans ſon dégré de coloris, parce qu'à une couleur, on ajoûte une négation de couleur. Ce qui fait, comme je l'ai dit, un *jaune tanné*, qui pourroit, en rigueur, paſſer pour n'être plus un vrai jaune.

En effet, ayant fait mes premieres épreuves de couleurs, avec deux ou trois Peintres, qui vouloient bien me prêter le ſecours de leur main & de leur Art, je ne pouvois en obtenir des jaunes foncés, à l'égal des bleux ; & les ayant à la fin priés d'enterrer cette couleur au niveau du bleu foncé, & de n'avoir égard qu'au dégré de clair obſcur, en ménageant, autant qu'il ſe pourroit, le dégré du coloris ; ils faisoient des noirs olivâtres, des couleurs de terre noirâtre, qui ne ressembloient à rien, & que personne, ni eux-mêmes, ni moi presque, nous ne pouvions reconnoître pour jaunes.

Je les nommois la matrice du jaune, plûtôt que le jaune. Mais cette matrice ne donnoit que des jaunes avortés, lorsqu'on l'éclaircissoit ensuite avec du blanc. Au lieu que le bleu de Prusse, vraie matrice des bleux, les donne très-beaux avec du blanc. On sent toujours le tanné, le noir, le gris, le salle, le non-jaune, dans ces jaunes artificiellement brunis, lorsqu'on les éclaircit ensuite avec du blanc.

Or, comme le jaune se refuse au noir par son clair naturel, le rouge s'en dégage aussi par un vif qui lui est naturel aussi; & l'on ne peut noircir le rouge, qu'en le tannant, & en diminuant ſon coloris, avec du vrai noir.

On le rabat bien avec du bleu, qui en fait du violet, & le violet eſt naturellement plus foncé, que le rouge le plus foncé. J'ai même été long-tems perſuadé que de toutes les couleurs, le violet étoit naturellement la plus foncée : & je dois avoüer, que c'eſt l'idée de la plûpart des Peintres, & même des profonds Philoſophes.

Je crois avoir obſervé bien des cas, où tel bleu mêlé avec tel rouge, fait un violet plus foncé qu'aucune de ces deux couleurs. Le vermillon, par exemple, mêlé avec le tourneſol, ou l'azur, eſt, je crois, dans le cas; ce qui peut venir de l'extrême diſſonance, ou diſcordance de ces couleurs. Car le vermillon en général, eſt aſſez antipathique, avec les autres couleurs, sur-tout avec les bleux.

Le vermillon, ou cinabre, est un minéral formé de la réünion de deux minéraux fort sujets à caution, l'argent vif & le soufre. On trouve du cinabre naturel dans les mines: mais la Chimie en fait de tout aussi bon, avec les deux minéraux susdits mêlés au feu, & sublimés ensemble.

Or ce mélange, soit chimique, soit naturel, est fort superficiel, & l'on retire l'argent vif du cinabre, avec assez de facilité. Les Dames se servoient autrefois du vermillon pour leur rouge. Elles en ont reconnu le danger: c'est un poison presqu'aussi pénétrant que le *sublimé corrosif*, qui se fait aussi avec du mercure, mais mêlé avec de l'esprit de nitre. Le souffre est plus doux; mais il a aussi un sel fort arsenical. Le rouge des Dames est aujourd'hui, dit-on, un carmin; c'est une cochenille préparée. Le vermillon leur corroyoit la peau, & leur pourrissoit la machoire, & les dents, propre effet du mercure.

Le beau violet, le vrai même, ne se fait point avec du vermillon, qui est trop orangé, mais avec du carmin, ou de la lacque, ou toute seule, ou mêlée de bleu. Le violet fait d'une seconde lacque, qu'on peut tirer du carmin, ou d'une premiere lacque, tirée du bois-d'inde, ou de campêche, qu'on appelle aussi le bois violet, donne de tous les violets le plus foncé.

Mais on a beau faire, & beau dire, le violet ne peut passer pour plus brun que le bleu, ni par conséquent pour le noir couleur. Il est plus foncé que le rouge, parce que le bleu, qui en fait la base, est plus foncé. Mais il eſt moins foncé que le bleu, parce que le rouge le réveille, & lui donne un vif, & un montant qui le ramene au clair.

Deux choſes font penſer aux Sçavans, aux Philoſophes, que le violet eſt de ſa nature plus foncé que le bleu, & que toutes les autres couleurs. Les bleux foncés tirent au violet, & ont quelque choſe de rouge, & ſi l'on y prend bien garde, un fer rougi au feu, commence, ou paroît commencer par le violet à s'enluminer de diverſes couleurs.

Une autre obſervation qui favoriſe cette idée du violet, eſt celle de l'Arc-en-ciel, dont le violet eſt la baſe, & paroît être la plus foncée de ſes couleurs : à quoi les calculs & les hypotheſes du célebre M. Newton, qui fait le violet le plus refrangible des couleurs, ſemblent beaucoup aider. Mais

Mais, 1°. en obſervant de près le fer, qui commence à rougir, on verra qu'il eſt bleu, avant que d'être violet ; qu'à la vérité ſon bleu eſt d'abord fort noirâtre, & qu'à méſure qu'il prend ſon œil, il prend auſſi un peu de rouge, comme tous les bleux foncés l'ont, ſans ceſſer d'être bleux, & même parce qu'ils ſont de vrais bleux, comme je l'ai expliqué ailleurs, & comme je pourrai le mieux expliquer bientôt : ce qui me prouve que, comme le bleu ſort immédiatement du noir, le rouge ſort du bleu, & le jaune ſort du rouge par une génération harmonique tout-à-fait admirable.

2°. Dans l'Arc-en-ciel, dans le Priſme, le violet ſert de baſe au bleu, & eſt plus foncé, plus refrangible même, ſi l'on veut, que le bleu, comme dans certaines pieces de Musique, le *la* sert de base, & donne le ton à *ut*, quoique dans le naturel *ut* soit la base & le ton géneral de tous les sons de l'Orgue, du Clavecin, de la Musique.

Qui doute qu'on ne puisse faire de certains bleux plus clairs que de certains violets, & que toute autre sorte de couleur? Mais laissant à part tous les cas particuliers, & remontant à l'origine primitive des choses, je dis & je prouve que, quelque foncé que puisse être un violet quelconque, on peut faire un bleu plus foncé, au lieu que le bleu le plus foncé, n'a point de violet plus foncé possible au-dessous de lui, non plus que de rouge, ni de jaune.

Et il en est de même de toute autre couleur imaginable; du verd, par exemple: car le verd étant esſentiellement compoſé de bleu & de jaune, ne peut être plus foncé que le bleu, puiſque tout ſon foncé lui vient du bleu, & que le jaune l'éclaircit néceſſairement.

Le verd-canard, & l'olive pourrie, ſont tout ce qu'on fait en teinture de verds les plus foncés. La couleur d'olive pourrie ne ſe fait pas, je crois, ſans le ſecours du noir, & on y employe la ſuye de cheminée, qui eſt tout ce qu'il y a de plus brun en jaune : un peu de rouge même qu'on y ajoûte, contribuë à tanner, à foncer cette couleur ; malgré cela cette couleur n'atteint pas au foncé du bleu : & le verd-canard y atteint encore moins.

Le pourpre eſt une couleur qui s'enfonce aſſez : mais ſoit qu'on le prenne, comme rouge, ou comme violet, ou enfin tel que l'art ou la nature nous le donnent, il garde toujours son œil rouge cramoisi, fort supérieur en clair, au bleu le plus foncé.

C'est donc une vérité constante & à demeure, quoiqu'assez neuve, que le bleu est le premier dégré de coloris au-dessus du noir, & comme au sortir du noir, pour s'étendre cependant jusqu'au blanc le plus blanc.

Car comme c'est la couleur qui descend le plus bas, je crois pouvoir avancer que c'est celle qui monte le plus haut: rien ne ressemblant plus au blanc que le bleu clair, comme rien ne ressemble plus au noir que le bleu-foncé.

Ves. OBSERVATIONS.

Suite de la Génération harmonique des Couleurs :

Où l'on commence à découvrir les trois Couleurs primitives de la nature.

JE traite déſormais cette génération d'harmonique, parce que l'harmonie des couleurs commence à ſe faire ſentir, dès qu'on a établi le bleu, comme la baſe du clair obſcur, en même tems qu'il le devient du coloris.

Parmi les ſept ou huit ſons, *ut*, *re*, *mi*, *fa*, *ſol*, *la*, *ſi*, *ut*, qui compoſent la gamme de la Muſique, il y en a trois que les Muſiciens qualifient de ſons eſſentiels, ou de cordes eſſentielles, prenant la corde qui rend le ſon, pour le ſon même.

Ces trois ſons ſont, le premier ; *ut*, appellé tonique, ou baſſe, c'eſt-à-dire baſe, parce qu'il donne en quelque ſorte le ton à tous les autres, & qu'il eſt le plus bas, & ſert de baſſe, ou de baſe : le ſecond eſt *mi*, appellé tierce, ou médiante, parce qu'il eſt le troiſiéme, & ſe trouve au milieu des deux autres, le premier, *ut*, & le troiſiéme, qui eſt *ſol*, appellé *quinte*, parce qu'il eſt le cinquiéme de la gamme. On l'appelle autrement *dominante*, parce qu'il a quelque choſe de retentiſſant, de fort, de dominant.

De ces trois ſons dérivent les autres, ſelon les Muſiciens : à eux trois, ils forment l'harmonie parfaite, ou l'accord parfait, dont *ut* eſt la baſe & le fondement, & même le principe.

Car, outre qu'il ſert de baſe aux

autres, & que l'oreille ſent en effet qu'ils portent en quelque ſorte ſur lui ; il eſt vrai de dire qu'ils en dérivent, & qu'ils en ſont comme les parties, & même la production. 1°. En ce que la corde qui ſonne *ut*, renferme celle qui ſonne *ſol*, qui en eſt le tiers, & celle qui ſonne *mi*, qui en eſt la cinquiéme partie.

2°. Parce que réellement, lorſque la corde rend *ut*, elle a un certain reſſentiment, qui fait fort bien entendre à une oreille ſçavante la quinte *ſol*, & la tierce *mi*. C'eſt-là une petite merveille de la Muſique, ſans laquelle, non-ſeulement on ne ſera jamais bien entendu dans cette ſcience, mais même dans celle de l'Optique des couleurs, qui eſt toute parallele, toute analogue à la Muſique.

Lorſqu'on chante de ſuite, & qu'on enfante ſoi-même les ſons à ſon gré, on va de *ut* à *re*, à *mi*, à *fa*, à *ſol*, à *la*, à *ſi*, à *ut*; & puis à *re*, à *mi*, à, &c. en montant toujours, & *mi* ſe trouve entre *ut* & *ſol*.

Mais, lorſqu'on laiſſe à la nature l'ordre des ſons, & leur génération primitive, *ut* fait entendre après lui *ſol* d'abord, & *mi* enſuite; ce *ſol* n'étant pas celui qui ſe trouve dans la premiere octave, *ut*, *re*, *mi*, *fa*, *ſol*, &c. Mais dans la ſuivante, comme ceci, *ut*, *re*, *mi*, *fa*, *ſol*, *la*, *ſi*, *ut*, *re*, *mi*, *fa*, *ſol*, c'eſt-à-dire, la douziéme, ou l'octave de la quinte.

Et le *mi* que *ut* fait entendre après ce *ſol*, eſt encore monté d'une ſeconde octave plus haut, *ut*, *re*, *mi*, *fa*, *ſol*, *la*, *ſi*, *ut*, *re*, *mi*, *fa*, *ſol*, *la*, *ſi*, *ut*, *re*, *mi*, c'eſt-à-dire la dix-ſeptiéme, ou la double octave du premier *mi*.

Il

Il seroit à souhaiter que ceux qui lisent ceci, sçussent assez de musique, pour bien entendre cette génération harmonique des sons, & qu'ils éprouvassent l'effet qui résulte du pincement d'une corde, *ut*. Il y faut une longue corde d'un son fort grave, & fort lent. On y distingue mieux ce retentissement de la dominante *sol*, & de la médiante *mi*.

Ce qui nous fait voir que l'harmonie part du grave & du bas, & qu'elle va toujours en montant à l'aigu, ainsi que nous avons vû dans un fer chaud le coloris sortir du noir, en s'élevant toujours au clair.

Le bleu foncé, ai-je dit, porte toujours une naissance de rouge. N'est-ce pas la corde *ut*, qui fait retentir la dominante *sol*? Le rouge eſt bien ſûrement la couleur dominante de la nature.

Or le rouge le plus foncé, l'eſt toujours d'un dégré moins que le bleu, qui lui donne naiſſance, en s'élevant au clair. On ne ſçauroit réellement faire un rouge, vrai rouge, du même ton d'obſcur, que le bleu primitif, le noir couleur.

Et le jaune, qui eſt de ſa nature d'un dégré encore plus clair que le rouge, paroît être la juſte correſpondance de la médiante *mi*, d'autant mieux que, lorſqu'on a élevé le bleu de deux dégrés de clair par le mélange du blanc, & le rouge d'un dégré au-deſſus de ſon ton naturel, pour les mettre tous deux au niveau du *mi*, alors celui-ci ſe trouve placé naturellement entre le bleu & le rouge, comme *mi* l'eſt dans l'ordre diatonique de la gamme, entre *ut* & *ſol*.

Tout ceci a besoin d'être bien constaté. Prenez tout ce que vous avez de plus foncé en bleu, rouge & jaune; vrai bleu, vrai rouge, vrai jaune. Couvrez-en de chacun une toile, ou une carte; c'est-à-dire, peignez une carte en bleu pur, une carte en rouge pur, une carte en jaune pur: & comparez ces trois couleurs, les plus foncées que vous pourrez faire, chacune dans son dégré de coloris.

Par exemple, couvrez une carte de bleu de Prusse, le plus foncé que vous pourrez, une de lacque, la plus foncée que vous pourrez, & une de terre d'ombre, ou de stil de grain, ou de bistre; de façon que tout œil, pittoresque au moins, puisse dire, c'est du bleu, c'est du rouge, c'est du jaune.

Je dis que de ces trois couleurs, il n'y aura jamais que le bleu qu'on pourra confondre avec le noir, ſans qu'on puiſſe y découvrir aucun trait de lumiere, & même de couleur, ſi ce n'eſt peut-être, lorſqu'on eſt prévenu que c'eſt du bleu, & qu'on le compare avec du noir mis à côté.

Je dis enſuite que le rouge bien appliqué, & point noirci par la façon, conſerve toujours ſon vif, qui lui donne un air de coloris, & une certaine lueur ſourde, qui empêche bien de le confondre, ni avec le bleu, ni avec le noir.

Je dis enfin que le jaune en queſtion paroît toujours frappé d'un dégré de lumiere, qui le diſtingue du rouge, & du bleu, & l'éleve même tout-à-fait au-deſſus du rouge. Car celui-ci a abſolument quelque choſe de noir, lorſqu'on ne le compare, ni au bleu, ni au noir; & même pour peu qu'on le tourmente en l'appliquant, ou que le grand jour y frappe: ſur-tout à la détrempe, il ne laiſſe pas de noircir aſſez facilement.

Mais le jaune, quelque brun qu'il ſoit naturellement, ou qu'on le rende par certaines mal-façons, reſte toujours d'une couleur de terre, plûtôt ſombre que noire, qui dans aucun cas ne le rappelle au vrai noir.

De ſorte qu'établiſſant le bleu au plus bas & premier dégré, il eſt impoſſible, à quiconque manie ces couleurs, avec un eſprit d'obſervation, de ne pas convenir que le rouge eſt d'un dégré plus élevé, & du ſecond dégré; & le jaune du troiſiéme.

J'ai tourné la choſe de bien des façons, on peut le croire; & mille perſonnes m'ont vû après. J'ai établi des dégrés, des claſſes, des ordres de clair obſcur dans les couleurs. J'en expliquerai toute la théorie & la pratique. C'eſt même ici que je commence à faire cet établiſſement.

J'ai donc d'abord établi un premier dégré, une premiere claſſe, mettant le noir à la tête, & enſuite le bleu; & j'ai fait tous mes efforts pour faire entrer dans cette claſſe toutes les couleurs, les verds, les violets, & ſur-tout les jaunes & les rouges.

Je prenois dans ce genre ce que les couleurs avoient de plus foncé; & puis je les bruniſſois avec du noir, juſqu'à les éteindre. Je les éteignois en effet plûtôt que de les réduire au niveau de mon noir & de mon bleu, placés à la tête de la claſſe.

Non-ſeulement je mêlois la couleur, de noir; mais je paſſois enſuite par-dessus des couches de ce noir. Je ne faisois donc que du noir, & non une diversité de couleurs noires, ce qui étoit pourtant mon unique intention. Car je voulois faire un verd noir, un jaune noir, un rouge noir, un violet noir, un pourpre noir; & en un mot, un nombre de noirs, où l'on pût reconnoître tous les dégrés des divers coloris.

J'avois oüi dire qu'il y avoit des noirs de toutes couleurs, & cela a quelque chose de vrai; & d'ailleurs je comprenois bien, que si j'avois des verds noirs, des rouges noirs, &c. comme j'avois un bleu noir, un œil attentif pourroit toujours les distinguer les uns des autres, mis à côté & de rang sur des cartes, l'une après l'autre.

Le noir que je mêlois avec trop d'abondance dans toutes ces couleurs, pour les mettre au même ton de clair obſcur, ou d'obſcur tout court, avec mon bleu noir, les tannoit, les ſaliſſoit, les anéantiſſoit même à la fin tout à-fait, & les réduiſoit toutes au ſimple & même noir, qui n'étoit point un noir couleur, mais un noir noir.

J'étois prêt à retrancher cette premiere claſſe, & même la ſeconde à cauſe du jaune qui ne vouloit entrer qu'à la troiſiéme, lorſque je m'aviſai d'un expédient; en rappellant mes vrais principes, réduits ici à trois.

1°. Le noir noir ne doit point entrer dans la claſſe des couleurs; tout au plus il doit en occuper les extrémités avec le blanc : le noir étant au-deſſous immédiatement des couleurs, & le blanc au-deſſus.

2°. Le rouge ſortant du bleu, & le jaune du rouge, & par conſéquent aussi du bleu, le rouge de la premiere classe doit être enveloppé, masqué de bleu ; le jaune doit être masqué de rouge & de bleu : l'un doit être un bleu un peu vif, avec une pointe peu perceptible de rouge : & l'autre un bleu vif un peu éclairci par une petite pointe de jaune ; & toutes les nuances intermédiaires de ces trois, les verds, les fauves, les nacarats, les pourpres, les violets, doivent participer du bleu, d'où elles sortent par dégrés, comme on les verroit sûrement sortir d'un fer lentement rougi au feu, & bien observé par un œil intelligent.

3°. Le bleu, ou le noir couleur portant sûrement son rouge intérieur, avec son jaune, que la nature même y a renfermés, & que l'art développe quelquefois, il faut imiter la nature, & lui aider même, en y mêlant réellement du rouge & du jaune; &, si l'on veut, un peu de toutes les couleurs, avec mésure & proportion.

Les Musiciens le font, & pour rendre un tuyau *ut*, plus harmonieux, ils lui associent d'autres tuyaux *sol* & *mi*, qui rendent cet *ut* plus plein, & plus vrai même, en aidant au retentissement de ce son *ut*, qui porte naturellement ces sons, d'une maniere plus enveloppée.

Ceci est conforme au principe du noir artificiel, résultant du mélange de toutes les couleurs, & nommément des trois, bleu, rouge & jaune. Car, puisque le bleu est le noir couleur, & qu'il ne l'est sans doute que par le mêlange intime & secret des autres couleurs; il est croyable que le bleu, principe & base du coloris & du clair obſcur, doit être nourri de toutes ces couleurs, ſubordonnées cependant toujours au bleu.

En conſéquence de ces principes, j'ai compoſé un bleu, ou un noir couleur, capable de s'allier avec toutes les couleurs du premier, du ſecond, & de tous les autres ordres qui demandent à être brunis. J'ai donc rejetté le noir noir, & je n'ai employé, pour former mes claſſes de couleurs, que ce bleu préparé.

La doſe en eſt, par exemple, d'une partie de bleu, d'un tiers de rouge, & d'un cinquiéme de jaune; ce qui n'eſt bon qu'à-peu-près, & ſpéculativement. Car dans la pratique, il faut conſulter l'œil, à cauſe des drogues, qui n'ont jamais la juſteſſe du ton, que leur nom leur attribuë; & il eſt mieux de mêler d'autres couleurs naturelles ou artificielles ; le noir qui résulte de ce mélange, étant toujours plus parfait, à cause de la contrarieté des drogues, observant que les bleus dominent beaucoup les rouges, & les rouges les jaunes.

Par exemple, j'ai composé un bleu de vingt parties de Prusse, cinq d'inde, cinq d'indigo, deux d'azur, trois de cendre bleuë, deux de verd de vessie, ce qui fait trente-sept parties, ou même quarante; car j'y ajoûtai du bleu de Prusse pour le rendre bien dominant. Sur ces quarante parties, qui faisoient déja un bleu fort noirâtre, je mettois quatre parties de diverses lacques, trois de carmin, deux de rouge brun, une d'orpin rouge, ce qui fait dix de rouge sur quarante. J'ajoûtois enfin une partie de mine qui est encore rouge, une de terre d'ombre, une de bistre, une de ſtil de grain foncé, une de gomme-gutte, un peu d'ocre, d'orpin, &c.

Plus il y a de contraſte de drogues héterogenes & diſcordantes, plus le noir en eſt vrai & beau, & capable de s'allier avec toutes les couleurs, ſans les tuer, ni les tanner même, comme fait le noir ordinaire, qui vient, ou du mélange de la galle avec la couperoſe, ou de l'action violente du feu & de la fumée.

Enfin c'eſt un fait, que moyennant ce noir artificiel, j'ai fait des couleurs extrêmement brunes; mais qui conſervoient leur œil de couleur, & leur diſtinction même de coloris, pour des yeux connoiſſeurs; couleurs au reſte s'uniſſant avec le bleu le plus foncé, à la place même duquel on pourroit mettre ce noir artificiel, qui n'eſt dans le fond, qu'un bleu préparé & harmonieux.

VIes. OBSERVATIONS.

Où l'on développe tout à-fait le système des trois Couleurs primitives.

IL n'y a qu'un son principe, base & fondement des deux *sol* & *mi*, la quinte & la tierce, ou la douziéme & la dix-septiéme : & de ces trois sons *ut*, *mi*, *sol*, dérivent tous les autres sons & accords de la Musique. C'est la doctrine constante des Musiciens fondés sur l'expérience, l'observation, le sentiment de l'oreille, du goût & du raisonnement.

Le bleu sorti du noir, comme pour le remplacer dans le coloris, dont il est la base, le noir l'étant du ſimple clair obſcur; ce bleu engendre le rouge, & le jaune à l'aide du blanc, ou du clair, avec une infinie diverſité de couleurs.

Mais toutes ces couleurs ne ſont que des tranſitions, des nuances, & des participations de ces trois couleurs meres, dont les combinaiſons mutuelles produiſent toutes les couleurs.

Il n'eſt pas ſi aiſé de voir comment tous les ſons dérivent des trois *ut*, *mi*, *ſol*, ni même comment *mi* & *ſol* dérivent d'*ut*. Rien n'eſt plus aiſé que de dériver toutes les couleurs des trois, *bleu*, *jaune & rouge*. Il n'y a qu'à les mêler ſelon toutes les combinaiſons poſſibles, deux à deux, & trois à trois. Il n'y a pas de couleur qu'on ne faſſe réſulter de ces mélanges divers.

Le bleu avec le jaune fait tous les

verds ; le jaune avec les rouges, fait les orangés ; le rouge avec le bleu, fait tous les violets. On ne connoît guéres dans l'uſage de la vie, que ces ſix couleurs, ou même cinq. le bleu, le verd, le jaune, le rouge & le violet.

Ce ſont des points de comparaiſon, auſquels on rapporte toutes les couleurs qui ſe préſentent. Elles tiennent toutes en effet du bleu, du verd, du jaune, du rouge, ou du violet. On en eſt quitte pour traiter de bleu verdâtre, ou de verd bleuâtre, le céladon, ou le verd canard, qui tient le milieu entre le bleu & le verd.

On traite de verd jaunâtre, ou de jaune verdâtre, la couleur d'olive, qui partage la nuance du jaune au verd. La couleur d'or, d'aurore, de ſouci, d'abricot, qui eſt un jaune un peu doré, un peu vif, eſt traitée

tée de jaune tout court. L'or eſt jaune, dit-on toujours : & il eſt vrai que l'or pur l'eſt : mais on parle de l'or uſuel, que l'alliage d'un peu de cuivre rend un peu rougeâtre, ſur-tout en Angleterre. Car en Eſpagne, l'or eſt plus véritablement jaune, étant plus pur.

L'orangé, qui eſt plus ardent étant plus mélé de rouge, eſt traité de rouge, le plus ſouvent. Le cramoiſi, le pourpre, le couleur-de-roſe, le couleur-de-chair, qui ſont un rouge un peu teint de bleu, d'un bleu couvert, eſt auſſi traité de rouge. Les Experts l'appellent rouge cramoiſi.

Le violet rouge, ou violet cramoiſi, autrement dit violet d'Evêque, eſt traité de violet tout court, auſſi bien que le violet agathe, qui eſt plus bleu, & le bleu violant, que j'ai appellé gris bleu, eſt traité de bleu, bleu de Roi, bleu ardent, parce qu'il eſt très-bleu, avec un petit mélange de rouge.

Or comme voilà à peu près toutes les demi-teintes, & que les quarts de teintes ſe rapprochent encore plus des cinq ou ſix couleurs connuës, on leur en donne à plus forte raiſon le nom. Car une teinte qui ſeroit entre le céladon & le bleu, ſeroit bien ſûrement traitée de bleu.

Pour ce qui eſt des couleurs compoſées où entrent les trois couleurs, ou bien le mélange de la troiſiéme couleur eſt peu de choſe, & n'altere que peu le mélange des deux autres couleurs ; ou bien ce mélange de trois, à peu près égal, devient équivoque, & tout-à-fait indécis.

Un corps pouſſé vers l'Orient, y va : une carte couverte de bleu, eſt bleue. Un corps pouſſé vers le Midi, y va : une carte couverte de jaune, eſt jaune. Un corps pouſſé en même temps vers l'Eſt & vers le Sud, prend l'entre-deux, & va au Sud-eſt : une carte couverte de bleu & de jaune, eſt verte entre le jaune & le bleu.

Mais ſi le corps étoit pouſſé en même tems de tous côtés, il reſteroit là ſans mouvement, ſi les percuſſions étoient égales ; & iroit d'une direction compoſée vers le côté, où il ſeroit le plus pouſſé, ſi les percuſſions étoient inégales; en défalquant de ſon mouvement, celui qui ſeroit anéanti par la percuſſion oppoſée à cette direction.

Une carte couverte de bleu, de jaune & de rouge, n'auroit point de couleur, & reſteroit noire, griſe ou blanche, ſi les couleurs étoient doſées en égalité de forces reſpectives ; ou ſeroit de la couleur prédominante, bleue, verte, jaune, rouge ou violette, ſelon les couleurs les plus fortes; mais d'un bleu, d'un verd, d'un jaune, d'un rouge, d'un violet rabattu & alteré de gris par la troiſiéme couleur.

Il n'y a de belles, ni de vraies couleurs mêmes, que les ſimples, ou qui réſultent du mélange de deux ſimples. Dès qu'on y mêle une troiſiéme couleur, ou elle détruit abſolument le coloris des deux autres, en perdant le ſien propre : ou elle l'altere par quelque choſe de ſale & de gris, ou de tanné.

Car le mélange de toutes les couleurs, c'eſt-à-dire des trois, bleu, jaune, rouge, forme du blanc, lorſque les couleurs ſont vives & claires, comme celles du priſme; du noir, comme j'ai dit, lorſqu'elles ſont obſcures ; & communément du gris, lorſque les couleurs ſont entre deux.

De quel côté pourroit aller un corps, qui eſt en même tems également pouſſé de toutes parts ? De quelle couleur pourroit être un corps coloré dans toutes ſes parties de toutes ſortes de couleurs ? Il eſt bleu & jaune, & par conſéquent verd ; il eſt jaune & rouge, & par conſéquent orangé ; il eſt rouge & bleu, & par conſéquent violet. Il n'eſt donc ni bleu, ni jaune, ni rouge, mais verd, orangé & violet. Suivons, s'il ſe peut, le mélange de ces trois couleurs compoſées.

Le verd & l'orangé vont faire d'abord une couleur, qui n'a point de nom : appellons-la un verd roux. L'orangé avec le violet n'a point de nom non plus : appellons-la un violet jaunâtre. Le violet avec le verd fera un plombé olivâtre.

Allons plus loin : le verd roux avec le violet jaunâtre, que fera-t-il ? je n'en ſçais en vérité plus rien : & ſi les ſeconds mélanges n'ont point de nom, les troiſiémes n'ont plus d'idée : on n'y connoît plus rien ; & l'on a plûtôt fait avec les Teinturiers, de les traiter de gris, de tannés, &c. car ils le ſont réellement.

Ces gris prennent chez ces Teinturiers, des ſurnoms de couleurs, lorſque quelque couleur domine dans leur mélange, gris lavandé, gris colombin, gris cramoiſi, gris de caſtor, gris de ramier, &c. Mais, lorſqu'aucune couleur n'y domine, & qu'elles ſe détruiſent mutuellement, c'eſt un gris tout court.

On appellera le gris, le blanc

& le noir des couleurs ; je n'incidenterai jamais ſur un ſimple nom: mais ceci prouve aſſez que c'eſt une deſtruction de couleurs, & un ſimple clair obſcur, qu'il importe tout à-fait dans une théorie ſçavante, de diſtinguer du coloris.

J'ai comparé le noir parfait, & le blanc parfait au ſilence de la Muſique, & je crois la comparaiſon aſſez exacte. C'eſt proprement le gris, qui fait le clair obſcur, en remarquant, comme je l'ai fait, que nos noirs, & nos blancs ordinaires, ſont des gris & des clairs obſcurs, c'eſt-à-dire, un mélange d'ombre & de lumiere.

Mais, dira-t-on, ſi les couleurs ſont autre choſe qu'un mélange ſimple d'ombre & de lumiere, comment le mélange des couleurs ne forme-t-il qu'un pareil mélange? & ſi les couleurs, outre ce mélange, consistent dans un certain mouvement, dans de certaines vibrations, comme les tons de la Musique, comment leur mélange, comment le mélange de toutes ces vibrations produit-il le même effet, que le simple mélange de l'ombre & de la lumiere ?

Le mélange de toutes sortes de sons, ne produit qu'un bruit confus, un simple bruit qui est la destruction de toutes les articulations de voix, & de tous les tons harmonieux, & peut être regardé, comme une sorte de silence, silence au moins de Musique & de discours articulés.

L'air mû dans ses plus petites parties de mille façons différentes, n'est mû que d'une façon la plus simple de toutes, & qui ne ressemble à aucune de celles, dont il nous fait entendre le simple résultat, de même

même qu'un corps poussé de toutes parts, ne reçoit qu'un trémoussement insensible dans toutes ses parties, sans suivre aucune des directions, qu'on s'efforce inutilement de lui donner.

Toutes ces vibrations particulieres, qui excitent la sensation du rouge, du verd, du jaune, du bleu, se détruisent mutuellement dans l'œil, ou n'y sont apperçuës que confusément ; & tout se réduit à un mélange d'ombre & de lumiere, qui ne forme que du gris : mélange uniforme, à cause du mélange intime de toutes les couleurs.

On voit donc bien que toutes les couleurs possibles, c'est-à-dire, tous les dégrés de coloris, se font par le moyen des trois couleurs, bleu, jaune & rouge.

Je dis tous les dégrés de coloris : car ensuite le clair obscur introduiſant une diverſité dans les couleurs de même dégré de coloris, il eſt clair qu'il y faut du noir & du blanc pour foncer, & pour éclaircir. Par exemple, le pourpre ſe faiſant avec de la lacque, il faut du blanc, pour en faire le cramoiſi; encore du blanc, pour faire le couleur-de-roſe; & du blanc encore, pour faire le couleur-de-chair. Mais c'eſt toujours le même dégré de coloris, ſous différens dégrés de clair obſcur.

VIIes. OBSERVATIONS.

Où l'on continuë à reduire à trois Couleurs toutes celles dont se servent les Peintres.

CEux qui n'ont jamais vû les couleurs, que par un trou, dans une chambre obscure, au travers d'un Prisme, ou qui ne les ont jamais spéculées qu'au milieu des nuées, dans l'Arc-en-ciel, sans daigner jetter les yeux sur cette non moins admirable, & infiniment plus riche varieté, que la nature étale au grand jour sur la terre; & qui cependant sur la foi de M. Newton & des autres Philosophes Géometres, croyent que c'est-là toute l'Optique, ou la Chromatique, seront surpris de ne me voir parler que de lacque, de bleu de Prusse, de vermillon, de terre d'ombre, & de couleurs qu'ils traiteront de grossieres.

Messieurs les Newtoniens, qui traitent les Cartesiens de faiseurs de Romans, me permettront de remarquer que le Roman consiste ici à ne spéculer que des couleurs fantastiques, à passer par les épreuves de la chambre obscure, comme dans Amadis, & à ne mésurer que des angles & des lignes Géometriques, lorsqu'il s'agit de la nature Physique des couleurs.

Il n'y a que du merveilleux, & par conséquent du Romanesque, à courir ainsi, presqu'en Chevalier errant, après des couleurs immaterielles, accidentelles, artificielles, & qui n'ont point de corps, tandis qu'on laisse-là les couleurs substantielles, naturelles, palpables, qu'on a toujours sous les yeux.

Pour le moins doit-on commencer régulierement par les couleurs, qui sont à notre portée, & qui doivent naturellement être les plus faciles à expliquer. On fait comme celui qui dans un Traité du Feu, ne parleroit que de la Foudre; qui dans un Traité du Son, ne feroit mention que de l'harmonie des cieux, &c. Les Philosophes en général, sont assez de ce goût : goût du merveilleux Romancier, plûtôt que du vrai Historique & naturel.

Entré dans mon sujet, & déja bien enfoncé dans la matiere des couleurs, il vient de me prendre un accès de réfléxion, qui me fait craindre que le commun des Philosophes, ne trouvent tout ceci étranger à l'Optique que j'ai annoncée dans mon titre. Bien sûrement on ne parle de rien de pareil dans leurs Optiques, ni dans celles qui ont le plus de réputation.

Je ne parle cependant que des couleurs des Peintres & des Teinturiers. Y en a-t-il d'autres? oüi, me dira quelqu'un, qui croira m'avoir pris en défaut: il y a les couleurs de la nature, ajoûtera-t-il. L'arc-en-ciel, la verdure du Printems, l'émail des prairies, le coloris des fleurs, sont l'ouvrage de la nature, & de la belle nature.

Mais outre que les couleurs des Peintres, sont la plûpart l'ouvrage de la même nature; le vermillon, la terre d'ombre, l'ocre, l'orpin, la cochenille, la graine d'écarlatte, &c: & que la plus grande partie des autres, ne sont que des sucs exprimés avec peu d'Art, comme l'indigo, la guesde, le carmin, le verd de vessie, &c. il n'y a même que ces couleurs pittoresques & tittoresques, qu'on doit, par excellence, traiter de vraies couleurs.

Ce sont-là les couleurs en substance, en corps, & s'il est permis de le dire, en personne. Les couleurs des fleurs, la verdure des campagnes, l'Arc-en-ciel même, ne sont que des couleurs superficielles, & un coloris leger plûtôt que des couleurs solides, substantielles & profondes, telles que sont celles, dont je traite. Celles-ci sont les principes du coloris, les germes du coloris. Un Philosophe vise aux principes & aux causes des phénomenes. Les Philosophes que je prens la liberté de contredire, ou de ne pas imiter, s'arrêtent aux phénomenes, & le plus souvent aux phénomenes les plus passagers, les plus éloignés, les moins intéressans par conséquent.

Enfin on ne peut au moins me

blâmer, puiſqu'enfin je traite de vraies couleurs, des couleurs des Peintres, & des Teinturiers. Et l'on auroit mauvaiſe grace de traiter de groſſiere mon Optique, parce que l'objet en eſt groſſier, comme, ſi ce qu'il y a de plus groſſier, n'étoit pas le propre objet de la Phyſique, & de la ſaine Géometrie même ; la matiere, l'étendue, le poids, le corps.

J'ajoûte que commençant par le plus groſſier, qui a l'avantage d'être le plus connu, je pourrai, que ſçait-on, finir par le plus ſubtil, & le plus inconnu : au lieu que ceux qui commencent par le plus inconnu, finiſſent régulierement par le très-inconnu, les refrangibilités, les colorabilités, les rubrifications, les vuides, & les attractions, toutes qualités très-occultes de nom, & très-inconnues de fait.

J'avois ces réfléxions ſur le cœur : il falloit bien m'en débaraſſer. J'aime ſur toutes choſes la juſteſſe, & à ne pas paſſer pour ne point traiter le ſujet que j'ai entrepris. Je traite des couleurs, de la nature des couleurs, couleurs naturelles, couleurs de la nature. La Peinture eſt une Optique pratique des couleurs, & la Teinture auſſi : c'eſt une Chromatique pratique. Or je traite de la Chromatique en Théoricien. Mon Optique doit être la théorie de la pratique des Peintres & des Teinturiers. Mon objet doit donc être le même que le leur. C'eſt à eux de décider ſi je manie juſte avec la plume, ce qu'ils manient eux-mêmes ſi juſte avec le pinceau.

Je reprens donc mes couleurs pittoreſques & tittoreſques, & j'en barboüille mon diſcours plus que jamais. Car je n'ai parlé que de trois couleurs primitives & meres. Or les Peintres en ont cinquante, & les Teinturiers aussi; & cela sans qu'ils se mêlent de les faire, au moins les Peintres; la nature & d'autres arts les leur fournissant, sans qu'ils en ayent encore trop, pour atteindre à cette infinie diversité de traits coloriés, dont la nature embellit les objets, que ces Messieurs tâchent de copier.

Combien de rouges différens, & de verds, & de violets, & de jaunes, n'a-t-on pas dans la Peinture & dans la Teinture? & de combien encore n'auroit-on pas besoin, pour imiter ceux de la nature? Le vermillon, le carmin, l'ocre brûlé, la mine, la lacque, sont des rouges bien différens les uns des autres. La terre d'ombre, la gomme-gutte, l'orpin, l'ocre, le ftil de grain, ſont autant de jaunes très-différens. Et parmi les bleux, il y a l'outremer, le bleu de Pruſſe, l'inde, le tourneſol. Il y a le verd de veſſie, le verd d'iris, la cendre verte, &c.

Or ces différentes couleurs ſous un même nom, ſont en effet des couleurs très-différentes. Il y a peut-être auſſi loin de la lacque au vermillon, ou la mine, quoique tous trois qualifiés du nom commun de rouge, que de la mine à l'orpin, quoique qualifié de jaune.

Ce n'eſt rien faire, que de ramener toutes les couleurs à trois noms. Car dire que tout ſe réduit à trois couleurs, bleu, rouge & jaune, c'eſt ne les réduire qu'à trois noms. Car où ſont-ils, ce bleu, ce rouge & ce jaune primitifs, dont je prétens compoſer toutes les couleurs?

Et puis, comment ferois-je une couleur de vermillon, ſans un vrai vermillon ? Et avec quel jaune ferai-je la propre couleur de l'orpin, ſi ce n'eſt avec l'orpin ? Car voilà les objections qu'on m'a faites, ou qu'on peut me faire, ſans que je puiſſe me flatter d'avoir établi mon idée des trois couleurs primitives, avant que d'avoir pleinement concilié ces Obſervations avec les miennes.

Je conviens de bonne foi de la force de ces objections, & de la néceſſité où je ſuis d'expliquer toutes ces Obſervations, & bien d'autres, qui ſemblent détruire les miennes, & les inductions que je crois pouvoir en tirer.

Je conviens qu'il y a divers bleux, divers rouges, divers jaunes, & que cette diverſité de couleurs de même nom, eſt une diverſité effective de dégrés de coloris ; & qu'il n'eſt pas aiſé de démêler le vrai bleu, le vrai rouge, le vrai jaune, auſquels je rappelle la diverſité infinie, qui paroît regner en cette matiere.

Je conviendrai de quelque choſe de plus que ce qu'on m'objecte: C'eſt que le bleu, le rouge & le jaune, dont je parle, peuvent n'exiſter dans aucune de ces couleurs, que nous avons, & auſquelles nous en donnons le nom.

D'abord nous n'avons pas deux bleux, deux rouges, ni deux jaunes de même ton, & de même caractere, je dis de même ton, ou de même dégré de coloris. Qu'on les mette au même ton de clair obſcur; par exemple, qu'on mette avec du blanc, le bleu de Pruſſe, & l'inde, au même ton de clair que la cendre bleue ; on les verra former trois dégrés, ou tons de coloris assez différens. La cendre bleue aura quelque chose de verdâtre; l'inde, quelque chose de sombre & de grisâtre, de noirâtre même dans son clair. Le bleu de Prusse tiendra un milieu d'un assez bon œil.

Il faut croire que l'outremer découvriroit quelque défaut dans ce bleu de Prusse, puisqu'il fait constamment un plus beau bleu. Je m'imagine que le beau bleu du Ciel, est le vrai bleu, auquel nous rapportons, & nous devons rapporter tous nos jugemens à cet égard, & que parmi nos bleux celui qui lui ressemble le plus, est censé le meilleur & le vrai.

La nature ne nous donne rien de parfait : tous nos bleux sont des à peu près. Mais il faut croire que l'Art & le travail peuvent y suppléer,& que nos grands Coloriſtes, les Titiens, les Rubens, les Wandeick, n'ont été tels, que parce qu'ils ont par la fineſſe de leur goût, de leur ſentiment, de leur coup d'œil, plus approché de ce bleu idéal, & vraiement céleſte, que cette même nature nous a donné pour modele.

Les Peintres ne ſe ſervent guéres de couleurs pures. Ils mêlent dans leur bleu, par exemple, un peu de blanc, un peu de noir, un peu de rouge, un peu de ceci, un peu de cela : & par tous ces mélanges, ils corrigent l'imperfection, ils temperent l'excès, ils corrigent le défaut, ils avivent, ils affoibliſſent, &c.

Les bleux des Teinturiers ſont les plus beaux, & je crois, les plus vrais. Ils ſont plus purs, plus tranſparens, plus legers, moins groſſiers, que ceux des Peintres. Les couleurs des Peintres ne brillent que par le contraſte. Celles des Teinturiers brillent par elles-mêmes.

Pour ce qui eſt des rouges, ils ſont encore plus diverſifiés que les bleux. La lacque & le vermillon, & le carmin, & le brun rouge, & l'orpin rouge, & la mine, ſont des rouges tout-à-fait différens. La lacque eſt fort violette, ſur-tout lorſqu'on l'éclaircit avec du blanc; car le blanc a toujours quelque choſe de bleu, comme le noir.

Le carmin eſt aſſez cramoiſi: le vermillon eſt plus nacarat, c'eſt-à-dire jaunâtre. La mine eſt tout-à-fait orangée, & l'orpin rouge va à l'aurore. Le brun rouge eſt nacarat comme le vermillon: mais celui-ci eſt clair, la mine auſſi, l'orpin rouge encore plus. Le carmin eſt plus

plus foncé que le vermillon, & la lacque va presqu'au noir.

Or, comment démêler le vrai rouge primitif parmi tous ces faux rouges? Comme le ciel, ou l'air, est le modele, & donne le ton au bleu, le feu paroît le donner au rouge. Et les Peintres en effet traitent communément de rouge, le couleur-de-feu.

Une observation, qui n'est pas indifférente, c'est que le vrai bleu dans son foncé a un petit œil de rouge, un rouge naissant. Le vrai rouge, le couleur de feu, a dans son ton moyen de clair obscur, un œil de nacarat, ou de jaune. L'écarlate des Gobelins, la cérise, paroissent le vrai rouge.

Les Teinturiers, après avoir boüilli leurs étofes dans la cochenille; ou dans la graine d'écarlate, qui font un rouge un peu cramoisi, les mettent dans une espece de lessive de terre merite, dont la teinture est jaune. Cette terre merite éclaircit le coloris de la cochenille, lui ôte son bleu, & y substituë ce petit nacarat, qui l'avive infiniment.

En Peinture, le beau rouge couleur de feu, se fait, selon toutes mes Observations sur la pratique des Peintres, & sur mes propres expériences, en mêlant moitié lacque, & moitié vermillon, sans parler du blanc, ou un tiers de vermillon sur deux tiers de carmin. Dans le foncé, le rouge brun avec la lacque, ou le carmin, ou avec les deux, fait le couleur d'escarboucle, ou de rubis. Le beau ponceau tient beaucoup du carmin, avec un peu de vermillon.

Le vermillon pur ne fait pas un rouge assez nourri. Le carmin paroît trop nourri, trop enfoncé, trop pourpré. Les deux font à merveille.

Enfin parmi les jaunes de nom, même diverſité, plus grande même que parmi les rouges. Car j'obſerve tout, & qu'il y a plus de jaunes que de rouges, & plus de rouges que de bleux, dans la Teinture, comme dans la Peinture.

J'obſerve même que les jaunes ſont la plûpart naturels & terreſtres. La terre d'ombre, l'ocre, l'orpin, ſont des terres : & il y a bien des crayes, des pierres, des mineraux, comme le ſoufre, des métaux, comme l'or & le cuivre jaune, qui ſont jaunes. Le ſtil de grain cependant eſt l'ouvrage de l'Art, & le ſuc d'un végétal ; & le biſtre eſt tiré de la ſuye, avec art.

Parmi les rouges, le bol eſt naturel, le vermillon auſſi, quoique l'Art l'imite. Le brun rouge, eſt une ocre brûlée. Mais la lacque, & le carmin, sont factices, & tirés de la cochenille, qui est un animal. Le pourpre des anciens, étoit un poisson. Notre graine d'écarlate est aussi un animal, comme la cochenille, qui s'attachent l'un & l'autre à des graines d'arbres. La mine est un plomb calciné, & rougi au feu.

Observez, en passant, que le plomb étant comme bleu, il rougit à un certain feu; mais qu'il jaunit enfin à un plus grand feu; & que voilà un cas, or il y en a bien d'autres, où le bleu, en s'éclaircissant, donne le rouge, & ensuite le jaune.

Les anciens mêmes ont observé qu'on trouve peu, & presque point de bleu dans les terres, dans les substances terrestres. En général, tous nos bleux de Peinture, comme de Teinture, sont factices. L'anil, plante Américaine, en fermentant, donne l'inde & l'indigo. Le pastel, plante Européenne, & Languedochienne, donne le plus beau bleu des Teinturiers. Le vouëde, plante Normande, donne aussi un assez beau bleu. Le bleu de Prusse se fait avec du sang de bœuf, fixé par des sels de soude & d'alun. L'outremer est une pierre calcinée & préparée.

En général, le jaune est plus communément minéral; car le stil de grain même, est un suc fixé par les sels que je viens de nommer, ou par la craye. Le rouge vient de l'animal, & le bleu vient du végétal.

Cela se rapporte assez à la nature des choses: le végétal communément verd, & d'un fond aqueux & aërien, se rapproche le plus du bleu. L'animal plein de vie, & de chaleur, a son sang naturellement rouge. Et le minéral d'une nature fixe, ſolide, & denſe, tire au blanc; dont le jaune paroît la couleur la plus approchée.

Je reviens : quel eſt donc le vrai jaune ? Le ſtil de grain paroît le plus beau, lorſqu'il eſt bien fait. La plûpart de nos jaunes ſont dorés, c'eſt-à-dire, fardés d'un peu de rouge qui les avive. Le jonquille paroît aſſez vrai ; je le crois pourtant un peu doré.

En France le pur jaune paroît n'être pas de notre goût ; nous le dorons volontiers, & ſouvent nous le verdiſſons pour lui ôter ſa fadeur naturelle. Le vrai jaune paroît tenir le milieu entre le doré & le citron, entre le rouge & le bleu.

C'eſt ce qui fait ſa fadeur, il n'a preſque point de couleur : il n'a ni la majeſté & la nobleſſe du bleu, ni la vivacité & l'éclat du rouge.

Il a une certaine lueur médiocre qui ſemble tirer au blanc ſans y atteindre, ſans en avoir la pureté. C'eſt un blanc manqué, un blanc qui commence à ſe colorer. Auſſi le ſoleil eſt-il jaune. Le vrai jaune me paroît aſſez approcher du couleur de terre : & la terre d'ombre me paroît le plus vrai jaune, mais le plus laid. L'ocre eſt un peu plus jonquille & couleur d'or.

L'orpin jaune eſt un peu citron. Le jaune de Naples dans le clair, me paroît plus net : auſſi eſt-il aſſez fade. J'oubliois la gomme gutte qui eſt une production vegetale, & qui fait un ſi beau verd avec la cendre bleuë : les Peintres ne l'eſtiment pas, ſur-tout à l'huile, parce que la couleur n'en eſt pas aſſûrée. La gomme gutte fait un jaune aſſez vrai, & qui ſe porte aſſez tantôt au rouge, tantôt au verd ; preuve qu'il tient le milieu : ſa couleur n'en eſt pourtant pas ſi fade, parce qu'elle ſort de ſon équilibre pour peu qu'on la manie avec art.

Concluſion : Voilà donc toutes les couleurs réduites à trois, non pas à trois couleurs vagues, bleu, rouge, & jaune ; mais à tel bleu, bleu céleſte ou aërien ; tel rouge, rouge de feu ; tel jaune, jaune de terre : ou encore bleu de Pruſſe, ou mieux Outremer ; rouge de carmin mêlé de vermillon ; jaune de ſtil de grain ou d'ocre, à peu près : ou pour la Teinture, bleu de paſtel & d'indigo ; rouge de cochenille, d'écarlate, de garance, nacariſé par la terre merite ; jaune de gaude, de terre merite, &c.

Les Géometres pour quarrer le cercle ou pour réſoudre tel autre problême inſoluble, le reſſerrent dans des limites en deſſus & en deſſous

dessous, pour prendre l'entredeux le plus rapproché.

Comme les couleurs de même nom manquent les unes par défaut, les autres par excès, peut-être qu'en les mêlant on attraperoit la justesse. Les Peintres par goût ou par instinct ne laissent pas de mêler ; & les Teinturiers surtout font de grands mélanges, qui ne vont pas tout-à-fait là cependant.

Un peu de recherche & d'intelligence, peut y faire des merveilles. Par exemple, pour le rouge, un peu de laque sur moitié carmin, & moitié vermillon, fait un rouge assez vrai, avec un peu de brun rouge, & tant soit peu de mine.

L'

VIIIes. OBSERVATIONS.

Sur la maniere de compoſer toutes les Couleurs avec les trois primitives.

Démonſtration de tous les dégrés poſſibles, harmoniques & pittoreſques du Coloris.

PUiſqu'il n'y a que trois couleurs ſimples, dont le mélange ſeul doit produire toutes les couleurs de la nature & de l'art, il s'agit de voir quelles couleurs peuvent reſulter des mélanges divers, qu'on peut faire de ces trois couleurs.

Tous les mélanges poſſibles ſe reduiſent d'abord en général à quatre combinaiſons. Car on ne peut mêler, 1°. que le bleu avec le jaune: 2°. Le jaune avec le rouge. 3°. Le rouge avec le bleu. 4°. Les trois enſemble.

J'avertis ici qu'il n'y eſt encore queſtion que des dégrés de coloris, ſans y faire entrer ni le noir ni le blanc, ni aucune idée de clair ou d'obſcur. C'eſt pourquoi je ſuppoſe trois couleurs bleu, jaune & rouge de même dégré de clair; par exemple, la cendre bleue, le carmin mêlé de vermillon pour le rouge, la gomme gutte mêlée d'ocre pour le jaune.

Peut être ſeroit-il encore mieux de faire auſſi un bleu composé de bleu de Pruſſe avec la cendre bleue, mêlant au reſte un peu de blanc à celles de ces trois qui ſeroit trop foncée, pour les mettre toutes trois au même ton de clair, & ne penſer ici qu'au ſimple coloris. Allons pas à pas.

1°. Je prends du bleu & du jaune, moitié de chacun; je les mêle. Il reſulte un verd, vrai verd, qui fait la nuance naturelle du bleu au jaune. Je prends du bleu & du verd, par moitié encore, & j'ai par leur mélange un bleu verdâtre, ou un verd bleuâtre, qu'on nomme *celadon* dans le clair, & *verd canard* dans le foncé. Je prends moitié verd & moitié jaune, & leur mélange me donne un verd jaunâtre, ou un jaune verdâtre, qu'on peut nommer couleur d'olive, ou olive tout court.

Obſervons, qu'en mêlant moitié bleu avec moitié verd, c'eſt comme ſi on mêloit trois parties de bleu avec une partie de jaune; & que de même en mêlant moitié verd avec moitié jaune, c'eſt mêler une partie de bleu avec trois de jaune.

Nous avons le bleu, qui eſt quatre quarts de bleu, zero de jaune : le celadon, qui eſt trois quarts de bleu, un quart de jaune; le verd, qui eſt deux quarts de bleu & deux quarts de jaune ; l'olive, un quart de bleu , trois quarts de jaune ; & le jaune, zero de bleu , quatre quarts de jaune.

Ces cinq couleurs ou ces cinq dégrés de coloris , bleu, celadon, verd , olive, jaune, forment une nuance fort adoucie du bleu au jaune , plus adoucie au moins que celle-ci , bleu , verd , jaune , qui mene aſſez bruſquement du bleu au jaune par le verd ſeul , qui forme deux dégrés bien tranchés ; l'un avec le bleu , l'autre avec le jaune.

Qu'on obſerve ces trois couleurs couchées ſur trois cartes, l'une à côté de l'autre ; l'œil ſera mené, mais aſſez bruſquement ; juſques-là que la plûpart des yeux ne ſentiront pas la nuance du bleu dans le verd, ni celle du verd dans le jaune, & ne devineront pas que ce verd n'eſt que la réunion des deux.

Mais ſi on regarde les cinq demi nuances de ſuite, bleu, celadon, verd, olive, jaune; tout œil ſentira du bleu dans le celadon, du celadon dans le verd, du verd dans l'olive, de l'olive dans le jaune; ou du jaune dans l'olive, de l'olive dans le verd, du verd dans le celadon, &c. C'eſt ce qu'on appelle une vraie nuance.

On peut la pouſſer plus loin juſqu'aux quarts, aux demi-quarts des dégrés, & à l'infini, en prenant moitié bleu, & moitié celadon, ou bien trois parties de bleu ſur une de verd, ou encore ſept parties de bleu ſur une de jaune, & enſuite moitié celadon & moitié verd, &c.

Ce qui forme alors une nuance parfaite, & un adouciſſement imperceptible de couleurs, qui mene l'œil tout-à-fait doucement par des milieux *indiscernables*, d'une extrémité à l'autre.

La nature est pleine de ces transitions imperceptibles ou indéfinissables ; & c'est pour l'imiter que les Peintres les pratiquent de leur mieux dans leurs Tableaux. En voilà le principe bien clair & bien net ce me semble, au moins pour les verds qui font le passage du bleu au jaune, ou du jaune au bleu. On verra qu'il est le même, ou que l'Art en est le même dans toutes les autres couleurs.

Mais il ne s'agit pas ici de cela : puisqu'il s'agit au contraire de couleurs définissables, & nombrables, & dont le nombre est par conséquent assez limité. Car voilà trois dégrés de couleurs intermédiaires entre le bleu & le jaune ; sçavoir, le celadon, le verd & l'olive ; au-delà desquelles j'ai découvert, c'est-à dire, obſervé qu'il n'y en a plus que l'œil puiſſe diſcerner.

Car la couleur qu'on formera entre le bleu & le celadon par le mélange des deux, eſt une couleur ſi rapprochée des deux, que non-ſeulement on la confond, mais on doit la confondre avec l'une ou avec l'autre.

Le celadon eſt déja un ſujet de confuſion pour la plûpart, qui la traitent de bleu verdâtre ou de verd bleuâtre, ni ayant que les Teinturiers, les Peintres & les Dames qui la démêlent un peu ſous le nom particulier de celadon.

Qu'on lui ôte un peu de ſon verd, ou qu'on lui en ajoute, ces mêmes perſonnes pourront la traiter encore de celadon. Mais le commun la traitera de bleu ou de verd tout court.

Il y a bien des années que je

m'applique au diſcernement & à toutes ſortes d'analyſes & de fabriques de couleurs. Cependant pour peu qu'un celadon s'écarte de la juſteſſe, je ne le connois plus, & je le traite tantôt de bleu, tantôt de celadon, tantôt de verd, ſelon la diſpoſition préſente de mes yeux, & même de mon eſprit. Par exemple, la cendre que tout le monde traite de bleue, & que j'aime à traiter toujours de même, me paroît celadon le plus ſouvent; parce qu'en effet elle a quelque choſe de verdâtre, & que je la crois placée par la nature entre le bleu & le celadon, un peu au-deſſus de celui-là, un peu au-deſſous de celui-ci.

Il y a la cendre verte, qu'on appelle ainſi; mais qui depuis le peu de tems que je la connois, & dans une vingtaine d'épreuves que je puis en avoir faites, me paroît fort au-dessous du verd, & tout-à-fait celadon.

Enfin une grande preuve que ces quarts de dégrés, ou, comme je les appelle, ces quarts de tons de couleurs placées entre les demi dégrés ou demi tons, par exemple entre le bleu & le celadon, entre le celadon & le verd, entre le verd & l'olive, entre l'olive & le jaune, qui sont toutes couleurs tranchées, décidées & *nominables*, si j'ose le dire, ces quarts de tons dis-je, n'ont point de nom, ou l'empruntent constamment de leurs collaterales. Or comptez qu'une chose qu'on a toujours devant les yeux, & qu'on n'a jamais nommée, est un entredeux équivoque, indéfinissable, & placé au-delà de la portée des yeux.

Chose admirable! tous nos sens fabriqués par le même ouvrier & appartenant au même être, au même corps, au même esprit, ont précisément la même étenduë, & les mêmes bornes. L'œil au moins & l'oreille, sont ici faits sur le même modele. L'oreille ne juge point, n'apprécie point les quarts de ton.

Non qu'elle ne puisse absolument les apprécier, & que ces quarts & demi quarts de ton n'existent. Car à force d'étude d'oreille, & de recherche de science & d'art, je suis enfin parvenu à sentir le quart de ton, à pouvoir l'entonner dans toute la gamme, *ut*, *re*, *mi*, *fa*, &c. Mais c'est qu'il y a falu toute cette recherche & cette étude, & qu'encore pour y réussir il m'y faut une attention & une contention d'esprit, d'oreille & de tous mes organes, telle qu'il n'en faudroit pas tant pour la plus épineuse question de Géometrie ou d'Algebre, ou de tout autre art quintessencié & abstrait.

J'ose donc affirmer, après mille & mille observations, que personne n'a pû contredire depuis bien des années que je les ai déja communiquées au public, que du bleu & du jaune, on ne peut jamais faire que ces trois couleurs décidées, ces trois verds distincts, le verd celadon, le verd d'olive, & le vrai verd tenant le milieu.

On doit observer au reste que ce nombre de trois verds est ici fort juste ; & que naturellement il y a une raison de convenance, pour croire que cela doit être ainsi.

Car le verd étant un composé de bleu & de jaune, il est raisonnable de croire que le vrai verd résultant de parties à peu près égales de jaune & de bleu, il doit avoir à côté de lui en dessus & en dessous deux faux verds, l'un par excès de bleu, l'autre par défaut ; &

qu'il en eſt ainſi de toutes les autres couleurs bien décidées.

Auſſi trouvera-t-on trois bleux, l'un verdâtre, l'autre violâtre; trois jaunes, l'un verdâtre, l'autre rougeâtre; & de même trois rouges, trois violets, &c.

Je ne puis diſſimuler au reſte; que quand je compoſe le verd de moitié de bleu, moitié de jaune, je ne parle que pittoreſquement, philoſophiquement même ſi l'on veut, & non tout-à-fait en Géometre.

Car dans le vrai, le verd, vrai verd, demande un peu plus de jaune que de bleu, mais le celadon veut plus de bleu que de verd, & l'olive à peu près autant de verd que de jaune. J'en aſſignerai peut-être un jour les juſtes proportions harmoniques que le raiſonnement ſeul me donne aujourd'hui, en attendant des obſervations plus préciſes.

2°. Il s'agit en ſecond lieu, de trouver les nuances ou demi-nuances poſſibles entre le jaune & le rouge. Il y en a trois entre le jaune & le bleu. Il n'y en a abſolument que deux entre le jaune & le rouge.

En général la difference paroît effectivement bien plus grande entre le bleu & le jaune, qu'entre celui-ci & le rouge. Obſervation équivoque, pour ceux qui n'ont pas l'œil excercé à cette juſteſſe de diſcernement.

Mais c'eſt un fait, que nous n'avons que deux couleurs connuës & qui ayent un nom entre le jaune & le rouge, l'aurore qui tient plus du jaune, & l'orangé qui tient plus du rouge.

L'aurore eſt compoſée à peu près de deux parties de jaune ſur une de rouge, & l'orangé de deux de rouge ſur une de jaune.

Pour peu qu'on mette moins de rouge dans l'aurore, on va faire un jaune doré qui ne paſſera jamais que pour un jaune vif tout au plus, & pour un jaune tout court. Ce ſont les jaunes que nous aimons en France, laiſſant aux Anglois le jaune pur, qui eſt fade pour nous. L'orangé ſe compoſe à peu près de deux parties de rouge & d'une partie de jaune. Le rouge de vermillon n'a beſoin que d'une partie de jaune ſur trois ou quatre de ce rouge, qui eſt déja fort orangé. Moitié vermillon & moitié mine font un orangé aſſez vrai.

Voilà déja huit nuances formées de trois couleurs, le bleu, le celadon, le verd, l'olive, le jaune, l'aurore, l'orangé, le rouge. Il nous reſte les nuances du rouge au bleu, & puis le mélange des trois couleurs en diverſes proportions.

IXes. OBSERVATIONS.

Suite de la Démonstration des Dégrés de coloris par les trois couleurs primitives.

NOus en sommes en troisiéme lieu à la détermination des nuances, qu'on peut former entre le rouge & le bleu, par leur mélange.

Du rouge au bleu la difference est à l'œil, bien grande. C'est la plus grande en effet : & l'on peut interposer entre ces deux extremités, quatre nuances intermediaires.

Il y a d'abord deux violets bien differens & bien connus, l'un violet rouge ou violet d'Evêque, comme on l'appelle : l'autre le violet bleu ou violet agathe ; & ces deux violets qui ne different que par

par un peu plus ou moins de rouge ou de bleu, ont à côté d'eux, deux faux violets qui ſont plûtôt, l'un un rouge violet, l'autre un bleu violet.

Le rouge violet, c'eſt-à-dire, le rouge tirant un peu au violet, ſe nomme rouge cramoiſi, ou cramoiſi tout court. Le pourpre, le couleur de roſe, le couleur de chair ſont de cette nuance ou de ce dégré de coloris. C'eſt un peu de bleu ſur beaucoup de rouge, dans la proportion à peu près de un à quatre, qui fait ce dégré.

Il y faut réellement peu de bleu, en ſorte que l'œil ne puiſſe le diſcerner, & qu'il y ſoit comme enterré ſous le rouge. Peu ſuffit en effet; il n'eſt queſtion que de rabattre ce petit œil jaune, qui caractériſe le couleur de feu. Ce petit mélange de bleu en rabattant cet air vif, donne au rouge un air fort noble.

Le bleu eſt noble par lui-même; & le rouge eſt vif. Le cramoiſi tempere ce vif par un peu de nobleſſe qui le rend plus majeſtueux. Auſſi le cramoiſi & le pourpre ſont la couleur des Rois.

Le violet cramoiſi venant après le cramoiſi, ſe compoſe de trois parties de rouge ſur deux de bleu. Le violet agathe qui ſuit, ſe fait de trois parties de bleu & de deux de rouge. Enfin le bleu violet ou bleu violant qui vient après, eſt compoſé d'une partie de rouge ſur quatre de bleu; & voila tout.

Cette nuance eſt parfaite : rouge, cramoiſi, violet, agathe, violant, bleu. J'en appelle à l'experience pour juger ſi ces couleurs ſont bien eſpacées. Il y a trois ou quatre années que je les ai ſoumiſes en public & en particulier à la critique des Peintres & de toute la terre ; & je n'ai reçu aucune contradiction là-dessus, ni en public ni de vive voix.

Seulement une personne fort respectable par son rang & par son intelligence dans la peinture, m'a fait l'honneur de me dire que la chose ne lui paroissoit pas tout-à-fait démontrée.

Je prie donc qu'on se donne la peine de se représenter ces douze ou treize nuances dans l'ordre qui suit.

BLEU, CELADON, VERD, OLIVE, JAUNE, FAUVE, NACARAT, ROUGE, CRAMOISI, VIOLET, AGATHE, BLEU VIOLANT, & BLEU.

Qu'on en couvre de chacune une carte, & l'on verra que le bleu passe au celadon mieux qu'à toute autre couleur, du celadon au verd, du verd à l'olive, &c.

Ou bien en rétrogradant, que du bleu on passe au bleu violant, du bleu violant au violet agathe, qui est plus rouge & moins bleu, du bleu agathe au violet cramoisi, qui est plus rouge encore & moins bleu, &c.

J'ai dit, que chaque couleur devoit être triple, qu'une des trois devoit être la vraye, la moyenne; qu'une autre en dessous devoit pécher par défaut, & l'autre en dessus par excès.

Or il y a ici trois bleux; le vrai bleu, bleu tout court; le bleu violant en dessous qui tire au rouge par le violet; & le bleu celadon qui tire au jaune par le verd: le *bleu bleu*, le *bleu rougeâtre* & le *bleu verdâtre*.

J'ai déja fait voir qu'il y a trois verds, le vrai verd, le verd jaunâtre, & le verd bleuâtre: c'est-à-dire, le celadon, le verd & l'olive.

Il y a trois jaunes : le vrai jaune, le jaune verdâtre, & le jaune rougeâtre ; c'eſt-à-dire l'olive, le jaune & l'aurore ou le fauve.

Il y a trois rouges : l'orangé ou nacarat, le couleur de feu, & le cramoiſi. Il y a trois violets : le violet rouge, le violet agathe, & le bleu violant.

Toujours chaque couleur en a deux à côté de ſoi, qui peuvent porter ſon nom, & être priſes pour elle, lorſqu'on les voit toutes ſeules. Par exemple l'orangé peut fort bien être confondu avec l'aurore ou avec le rouge.

On peut définir l'aurore un orangé foible, & le rouge un orangé vif. J'ai rapporté ailleurs une experience ſinguliere.

Je préſente à une perſonne un bel orangé, & je lui demande ſi ce n'eſt pas un beau rouge ; fort beau, me répond elle : or cette perſonne entend la peinture, & a travaillé même ſur mes nuances.

A côté de cet orangé je mets, ſans qu'elle s'y attende, un beau rouge couleur de feu : vous m'avez trompé, me dit-elle : celui-ci eſt le vrai rouge, l'autre étoit l'orangé.

A côté du rouge je mets enſuite un cramoiſi. Quoi vous m'avez encore trompé ? me dit cette perſonne. C'eſt celui-ci qui eſt le vrai rouge, le précedent eſt l'orangé, & le premier n'eſt que l'aurore.

J'ai fait la même illuſion à vingt perſonnes avec d'autres couleurs, leur faiſant prendre l'orangé pour le jaune, le celadon pour le bleu, un verd ou un violet pour l'autre, ou pour des bleux ou des rouges ; & je m'y trompe ſans ceſſe moi-même.

Mais j'ai obſervé qu'on ſe trompe beaucoup moins ſur les trois couleurs,bleu, rouge & jaune,que ſur les autres ; & enſuite moins ſur le verd & le violet que ſur le reſte : mais qu'on ſe trompe très-facilement ſur le celadon, ſur l'olive, ſur l'aurore, ſur l'orangé, ſur le cramoiſi, & ſur le bleu violant qui ne ſont que des demi teintes, & des couleurs moins connuës.

J'ai ajouté en quatriéme lieu, qu'on pouvoit faire de nouveaux dégrés de coloris, en mêlant les trois couleurs enſemble.

Il y a deux manieres de les mêler : ou en doſes égales, ou en doſes inégales. Le mélange des trois couleurs en doſe égale eſt unique, & ne peut former qu'une nuance. J'ai fait déja voir que le réſultat n'en pouvoit être qu'un noir, un blanc, ou le plus ſouvent un gris, ou une couleur ſale, une fauſſe couleur.

Si les doſes ſont inégales, & que par exemple ſur beaucoup de verd, on mêle un peu de rouge, il en réſulte un verd rougeâtre qui ne ſçauroit trouver place parmi les douze couleurs précedentes, & qui auprès d'elles paroît une fauſſe couleur.

Si elle a très peu de rouge, elle portera toujours le nom de verd, mais un verd un peu ſale. Et plus elle aura de rouge, plus elle ſera ſale, & plus ſon verd & ſon dégré de coloris ſera équivoque.

Pour bien ſentir ce que je dis, obſervons que dans la claſſe des douze couleurs nuancées ou chromatiques, bleu, celadon, verd, olive, jaune, &c. Il y en a trois, bleu, jaune, rouge, qui ſont tout-à-fait ſimples, & que le mélange d'une d'une ſeconde couleur, altere tout-à-fait, & fait abſolument changer de dégré.

Par exemple le bleu eſt verd dès qu'on lui mêle du jaune, ou violet dès qu'on lui mêle du rouge; le rouge eſt violet ou cramoiſi par le mélange du bleu, ou orangé par le mélange du jaune, &c.

Au lieu que les autres couleurs, comme le violet & le verd, qui ſont compoſées de deux, par le mélange de la troiſiéme, perdent plûtôt leur dégré qu'elles n'en changent, ou n'en acquierent un nouveau.

Le bleu & le jaune par leur mélange, deviennent tout d'un coup du verd, ſans équivoque. Mais ce verd par un mélange nouveau de rouge, garde ſon nom de verd, verd rougeâtre; ſans pouvoir prendre un nom nouveau, devenant toujours moins verd à mesure qu'on y augmente le rouge, mais devenant aussi moins bleu, moins jaune & moins rouge, sans acquerir aucun vrai dégré nouveau de coloris, si ce n'est de gris, qui est plûtôt une perte qu'une acquisition de couleur.

Il faut pourtant bien observer, que ces couleurs sales, mêlées de trois couleurs en doses inégales, sont les couleurs les plus ordinaires de la nature. Mais ceci mérite un article à part.

X^es. OBSERVATIONS.

Sur les Couleurs ſales, mêlées de trois Couleurs.

Où l'on voit que ce ſont les Couleurs les plus uſuelles de la nature & de l'art.

TOut eſt ſi mêlé dans la nature, que l'ancienne Philoſophie avoit pour axiome, que le tout étoit dans les parties, comme les parties dans le tout. Cela a un bon ſens, qui étoit dans le fond celui des Anciens. Les Anciens n'étoient pas des ſots.

J'ai remarqué ailleurs que les Peintres n'employent gueres que des couleurs mêlées de preſque toutes ſortes de couleurs, mettant du bleu dans le rouge, du rouge dans le bleu, du verd dans le violet, du violet dans le verd.

Les Teinturiers n'y manquent pas : ils garancent l'indigo pour en rendre le bleu plus beau, & comme ils disent plus assuré. Car la plûpart des couleurs simples sont mal assurées, & sont sujetes à tourner, le bleu à rougir, le rouge à jaunir, le jaune à &c.

Une couleur bien assurée, assure celle avec laquelle elle est mêlée. En général le mélange rend les choses plus fortes & plus invariables dans leur genre, dans leurs proprietés, dans leurs vertus.

La nature ne laisse pas de faire bien des mélanges, mais qui sont fort fins, & que l'art acheve de perfectionner en les rendant plus grossiers, & par là plus sensibles & plus inalterables.

Plus inalterables, 1°. Car l'or

pur est mol ; un petit mélange de cuivre le rend plus dur, plus coloré & plus sonore ; & un peu d'étain mêlé au cuivre fait la fonte ou le bronze, qui est d'une dureté extrême. En général le mélange des corps heterogenes les rend plus durs, sans doute en entravant leurs parties.

Plus sensibles, 2°. Car la nature mêlant un rouge secret dans le beau bleu, nous avertit de perfectionner la plûpart de nos bleux imparfaits, par un nouveau mélange qui rende ce rouge plus sensible, & plus capable par conséquent de faire sur nous l'impression harmonique, pleine & moelleuse du plus beau bleu.

C'est ainsi qu'une corde harmonieuse nous faisant entendre sa quinte & sa tierce, ou comme j'ai dit sa douziéme & sa dix-septiéme, les Organiſtes mêlent des jeux de quinte & de tierce aux jeux fondamentaux ; en ſorte que dans un ſeul ſon qu'on croît entendre *ut*, on entend auſſi en même tems *ſol* & *mi*, & de même avec *re*, on entend *la* & *fa*, &c.

Quand ce mélange eſt bien fait & bien proportionné, comme il l'eſt dans l'orgue, le ſon principal *ut* étant le plus fort, couvre les deux autres qui ſont moins forts : car *ſol* eſt d'un tiers plus foible que *ut*, & *mi* l'eſt d'un cinquiéme, ce qui eſt la proportion harmonique la plus juſte.

Si *ſol* & *mi* devenoient plus forts que *ut*, ou enfin trop forts, ce ſeroit autre choſe, *ut* ne ſeroit plus le principal ; la mélodie & l'harmonie ſeroient alterées. Ce ſeroit un bruit plûtôt qu'un ſon, ce ſeroit une cacophonie, & une muſique pour le moins fort équivoque & fort indécise.

Un peu de rouge & un peu moins de jaune, mis dans le bleu, en font un bleu plein, suave, précieux, le tout suivant la nature des drogues. Mais si le rouge ou le jaune dominoient, ce ne seroit plus un bleu, mais un violet ou un verd, ou quelque chose d'équivoque, de gris, de sale, & souvent de choquant, selon l'usage qu'on en feroit.

Car les couleurs sales choquent là où il en faut de pures, de nettes, de bien prononcées: mais il n'en faut pas par-tout; & les couleurs sales trouvent leur place entre les mains de la nature qui sçait bien les dispenser.

Les vrayes couleurs, réduites d'abord à trois, bleu, jaune, rouge, couleurs tout-à-fait pures, ensuite à cinq par l'addition des deux violet & verd, à trois même, en y ajoutant l'orangé, & pouſſées enfin juſqu'à douze par l'addition des ſix autres demi-teintes, celadon, olive, aurore, cramoiſi, violet agathe & bleu violant: ces vrayes couleurs, dis-je, ſur-tout les cinq premieres, ſont diſpenſées par la nature avec beaucoup de reſerve.

Et l'art des Peintres, des Teinturiers mêmes, n'en eſt pas auſſi prodigue qu'on le diroit bien. Je tiens d'un Peintre habile, que la plûpart des couleurs que les Peintres appliquent, doivent être des couleurs ſales.

Cette propoſition me révolta, la premiere fois que je l'entendis: elle a été pour moi dans la ſuite la ſource d'une grande inſtruction. M'étant d'abord rendu attentif aux tableaux les plus vantés, les mieux coloriés mêmes, j'ai reconnu en détail la vérité de cette propoſi-tion.

L'art me ramenant enſuite à la nature, ſelon ma pratique ordinaire, j'ai obſervé que la plûpart des couleurs prodiguées par cette main ſagement avare, étoient auſſi des couleurs ſales, où entroient bien des ſortes de couleurs; & qu'il étoit fort rare de trouver dans les fleurs mêmes, dans les coquillages, & ſur-tout dans les animaux, de vrayes couleurs ſimples, ou qui ne fuſſent le mélange que de deux couleurs ſimples.

Le fait une fois bien conſtaté, il ne m'a pas été difficile d'entrer dans les raiſons de la nature. Et d'abord la raiſon phyſique & d'exécution, en eſt la même que j'ai d'abord aſſignée, que tout eſt fort mêlé ſur la terre & dans la terre; & que tous les corps, plantes, mineraux, animaux ſont des *mixtes* en effet.

Mais les cauſes de deſſein, les cauſes finales de la nature ou de ſon très-ſage auteur, méritent bien autant ou plus d'attention. Les couleurs pures ſont aſſez bornées en nombre : les couleurs ſales étendent ce nombre beaucoup plus loin, & forment une bien plus grande varieté, unique ſource de pareils agrémens.

C'eſt par ce moyen que la verdure des campagnes, qu'on croiroit ſi monotonique & ſi uniforme, ne l'eſt point du tout. Si c'étoit partout un beau verd, un vrai verd, ce ſeroit une monotonie en effet fort inſipide. Mais rien n'eſt plus diverſifié par les diverſes touches de rouge, de violet, d'orangé, qui ſont manifeſtement mêlées dans ce verd, comme pour le ſalir, &

qui le rendent riche & infiniment charmant, par cela ſeul qu'il eſt diverſifié.

Une raiſon pourquoi la nature prodigue les couleurs ſales, eſt pour faire briller les vrayes couleurs, ſoit par leur rareté, ſoit par le contraſte.

Qu'on examine les choſes, on verra rarement une belle couleur qui ne ſoit contraſtée dans les objets naturels par des couleurs fort ſales, qui deviennent cependant précieuſes par le contraſte même qu'elles oppoſent à ces couleurs précieuſes par elles-mêmes, qu'elles aſſortiſſent.

Le verd des feuilles d'oranger, des feuilles de citronnier, des feuilles de grenadier, paſſe pour un beau verd, & n'eſt rien moins, ſi l'on y regarde de près. Mais c'eſt qu'on ſe le repréſente toujours dans le point de vûe de ces pommes d'or ou de ces fleurs grenadines, qui les relevent,ou qui en sont relevées avec éclat.

J'ai vû quelqu'un qui dans un tableau de contraste vantoit les ombres comme si ç'avoient été les plus belles couleurs du tableau,disant formellement qu'il n'avoit jamais vu de plus belles couleurs que ces ombres. Il confondoit l'éclat qui de ces ombres réjaillissoit sur les endroits coloriés, avec les ombres mêmes. Tout ce qui contribue à la beauté de quelque chose, participe en quelque sorte à cette beauté. C'est que tout est relatif, & qu'un beau rapport rend la beauté reciproque aux deux termes de la comparaison: quoique l'un n'ait qu'une beauté négative, souvent fondée sur une positive laideur.

On aime jusqu'à la tristesse & à

la douleur, qui nous font trouver le retour de la joye & de la guerison plus doux & plus piquant.

Je connois un Peintre dont j'estime beaucoup le goût & les talens pour le portrait, qui en me montrant son attelier peu riche en couleurs, me faisoit nommément observer, qu'il n'y avoit ni carmin, ni lacque, ni vermillon pour le rouge, ni aucun jaune vif, mais uniquement du bleu de Prusse pour les bleux & les verds; du brun rouge, pour toutes sortes de rouges & de violets, avec un jaune assez médiocre dont j'ai oublié le nom.

Ses portraits étoient fort beaux: ses carnations étoient sur-tout fort naturelles, fort vives même, & fort gayes lorsqu'il le falloit.

Je raisonnois avec lui, & lui opposois que d'autres Peintres célebres ne laissoient pas d'employer les rouges les plus vifs, & les jaunes les plus gais. Il convenoit que des tableaux ainsi fardés, sur-tout de rouge, ne laissoient pas de donner la vogue.

Mais il me rappelloit à la vérité & à l'immortalité. Ces couleurs, me disoit-il, sont fausses : la nature n'est vive que dans le contraste & par l'entente : toutes ses couleurs sont assez médiocres dans le détail de chaque trait : mais c'est l'opposition qui fait sortir les choses, & leur donne la vie, le feu, le plus grand éclat.

Il ajoutoit, que la lacque, le carmin, le vermillon, & les autres couleurs tranchantes n'avoient point de corps, & ne se soutenoient pas long-tems, & que ceux qui s'en servoient ne travailloient pas pour l'immortalité.

Ces couleurs vives en effet sont

trop pures : il faut les ſalir pour leur donner du corps & de la conſiſtence ; & en même tems pour imiter la nature, & la belle nature.

Sur toutes ces obſervations, je ſerois fort d'avis que ſe réduiſant à peindre & à teindre, à colorier en un mot ſçavamment & ſur des principes réguliers, tels que je crois les développer ou les ébaucher ici, on prît tous les rouges en bloc, la lacque, le carmin, le vermillon, le brun rouge, la mine même ſi l'on veut, & qu'en les mêlant on en fît un rouge univerſel.

On trouveroit peu à peu, & aſſez vite même, les doſes juſtes de ce mélange ; cela feroit toujours un fort beau rouge, rouge moyen, temperé, primitif, plein, nourri, harmonieux, aſſuré & durable. Je croirois aſſez que le rouge brun devroit y dominer, & en faire le corps & la principale baſe.

On en uſeroit de même pour les bleux, & de même pour les jaunes. Et l'on auroit trois bonnes couleurs avec leſquelles on feroit toutes les teintes pures & ſales de coloris, en les mêlant deux à deux, ou toutes trois.

On feroit même un noir couleur par ce mélange, comme je l'ai dit. Que ſçait-on même ſi on ne parviendroit pas à faire un blanc ou gris blanc couleur, en mêlant de certaines couleurs naturellement claires, comme il n'en manque pas dans les jaunes, & même un peu dans les rouges?

XIes. OBSERVATIONS.

Sur le cercle des couleurs :

Où l'analogie des Couleurs avec les tons de la Musique, se fait bien sentir.

M. Newton en mesurant l'espace qu'occupent les couleurs au nombre de sept qu'il a comptées dans l'Arc-en-Ciel, pouvant, s'il l'avoit voulu, y en compter bien d'avantage, a trouvé ces espaces relativement égaux à ceux des cordes qui sonnent les sons du systême mineur de la musique, *la*, *si*, *ut*, *re*, &c.

Voilà toute l'analogie que ce grand Géometre a jamais trouvée entre les sons & les couleurs ; à quoi va cette analogie, & d'où vient-elle ? je n'en ſçais rien.

La nature des ſons de la muſique dépend uniquement de la longueur relative des cordes qui les rendent. Ces eſpaces occupés par les couleurs du Priſme ou de l'Arc-en-ciel, comment influent-ils dans la nature des couleurs ? M. Newton n'en dit pas un mot, aucun Newtonien n'a non plus entrepris de le dire.

Parmi cent traits d'analogie un peu plus fondés ſur la nature des choſes, que je citai dès ma premiere annonce d'une nouvelle muſique chromatique, je citai ce trait unique de M. Newton, parce qu'il falloit citer tout, & s'aider de tout dans un projet ſi nouveau.

Comme il ne dit rien après tout, ainſi qu'on me l'objecta dès ce tems-là, non plus que le rapport que le même Auteur établit dans ſes principes, entre les denſités ou les compreſſions des milieux & les proportions de la muſique ; je me ſuis attaché depuis ce tems-là, ſoit aux premiers traits que Kircher & d'autres Auteurs m'avoient fournis, ſoit à des traits nouveaux qu'un peu de connoiſſance de la muſique m'a ſuggerés.

Parmi ces traits bien caractériſtiques, outre celui de trois couleurs primitives paralleles à trois ſons primitifs; un des plus remarquables, eſt celui du cercle de douze couleurs, tout-à-fait parallele à celui de douze ſons qui compoſent la gamme complete de la muſique.

J'appelle le cercle des ſons, la gamme ordinaire, *ut*, *ré*, *mi*, *fa*, *ſol*, *la*, *ſi*, *ut*, laquelle dans ſa plenitude contient douze ſons poſſibles, ni plus ni moins, & commençant par *ut*, finit par *ut*.

On n'a pas fait jusqu'ici assez d'attention à cette espece de cercle de sons. Car on appelle cercle, tout ce qui partant d'un point finit au même point. Or c'est ici le cas à peu près.

Car, quoique l'*ut*, auquel on aboutit à la fin de la gamme, ne soit pas le même pour le son, il est le même pour le ton; & les Musiciens en lui refusant le nom d'*unison*, lui donnent celui d'*uniton* ou d'*æquiton*, qui signifie un ton égal ou le même ton.

En effet, qu'au lieu de prendre la gamme un peu plus bas, on la prenne un peu plus haut, toujours le même systême de tons, *ut*, *re*, *mi*, &c. revient: & ce sont les mêmes intervalles, & c'est la même mésure relative de cordes entre *ut* & *re*, entre *re* & *mi*, &c. Cela est fort singulier, & méritoit bien d'être remarqué, ſinon par les Muſiciens, du moins par les Philoſophes.

On pourroit chicaner, & dire que ce n'eſt pas là un cercle exact, puiſqu'abſolument l'*ut* auquel on aboutit n'eſt pas le même *numeriquement*, comme on dit, que celui par lequel on avoit commencé.

Mais ſi ce n'eſt un cercle, c'eſt quelque choſe au moins de circulaire : & la comparaiſon ſera très-exacte, en lui donnant le nom de ſpirale ou de volute, qui eſt une figure de limaçon qu'on voit ici, & qui eſt très-circulaire, qui s'engendre par un point qui tourne autour d'un centre comme un cercle, en s'écartant toujours de ce centre peu à peu, & avec meſure & proportion. Surquoi on peut même concevoir les écarts en proportion harmonique des tons pour les repréſenter tout-à-fait géometriquement, en appellant cette nouvelle ſorte de ſpirale, la ſpirale muſicale ou harmonique.

Or entre le premier *ut* de la gamme & ſon ſecond *ut*, il y a onze ſons ou même douze en comptant le premier *ut* qui en eſt, le ſecond *ut* appartenant à une ſeconde revolution de gamme qui recommence & qui a douze pareils ſons.

Ces ſons s'appellent *demi-tons*, nommés *ut*, *ut* ✳, (ou *ut dieze*), *re*, *re* ✳, *mi*, *fa*, *fa* ✳, *ſol*, *ſol* ✳, *la*, *la* ✳, *ſi*, avec l'*ut* final, qui recommence une nouvelle gamme élevée d'un ton plus haut, ou, comme on dit, d'une octave.

On peut monter ces octaves toujours plus haut, ou enfin juſqu'à un certain point : on peut auſſi les descendre plus bas, mais en roulant toujours dans le même cercle, ou dans la même revolution des douze demi-tons *ut*, *ut* ✱, *re*, *re* x, &c.

Si cette circularité de sons, pratiquée jusqu'ici, mais non observée merite de l'être, celle des couleurs qui n'a été ni observée ni pratiquée en aucune maniere, merite d'être observée, & reduite, s'il est possible, à quelque pratique.

Car elle est la même, précisément la même : & cette convenance mérite elle-même une grande observation.

Il est très-particulier, & cela dit sûrement quelque chose, qu'y ayant trois couleurs essentielles, comme trois sons essentiels, ni plus ni moins, il resulte de ces trois couleurs primitives, douze couleurs ou douze dégrés bien marqués de coloris, ni plus ni moins, formant un cercle de couleurs, comme des trois ſons eſſentiels de la gamme, il en réſulte douze tons ou demi-tons, formant un pareil cercle, ni plus ni moins.

On borne l'Optique à des refrangibilités inexpliquables & occultes, ou à des angles de rayons qui n'expliquent rien, ou qui ne forment au plus qu'un objet purement géométrique & ſpéculatif; & on laiſſe là des proprietés de fait, leſquelles, pour me ſervir de l'expreſſion d'un de nos plus célebres Auteurs, aggrandiſſent la carriere de la nature, & ouvrent la barriere à de nouveaux arts.

La circularité des couleurs eſt encore plus ſenſible que celle des ſons, par l'avantage qu'elles ont d'être plus ſenſibles elles-mêmes, plus fixes, plus locales, plus permanentes,

manentes, & en quelque ſorte plus ſubſtantielles & plus corporelles.

En partant du bleu, la ſuite des couleurs ramene au bleu: car le bleu mene au jaune, le jaune au rouge qui ramene au bleu, préciſément par autant de nuances que de ſons paralleles.

Et qu'on ne diſe pas que ce nombre de couleurs & leur ordre eſt arbitraire. 1°. J'ai déja fait voir qu'on ne peut pouſſer au-delà de ce nombre, ſans donner dans des couleurs indéciſes, & qui n'ont point de nom.

2°. L'ordre des nuances n'eſt pas arbitraire, plus que celui des ſons. *Ut* ne peut mener qu'à *re* en deſſus ou à *ſi* en deſſous. Le bleu ne peut mener qu'au verd en deſſus, ou au violet en deſſous. Le violet ne peut mener qu'au bleu ou au rouge. Le rouge ne peut mener qu'au jaune ou au violet, &c.

Chaque couleur mene nécessairement à celles dont elle est le germe ou le resultat, le verd au bleu ou au jaune, le jaune au verd ou à l'orangé, &c. On peut renverser l'ordre, mais de façon qu'il n'y aura alors plus d'ordre.

On peut du jaune sauter au violet, du violet à l'orangé, de l'orangé au verd, du verd au cramoisi. C'est là un désordre qui peut avoir sa beauté comme de passer de *ut* à *sol*, de *sol* à *mi*, de *mi* à *la*, &c. dans la musique.

Mais si c'est là un ordre libre & harmonique, ce n'est pas l'ordre primitif & naturel : car dans la musique même cet ordre de nuances regne par la suite des sons *ut*, *re*, *mi*, *fa*, *&c.* qu'on renverse ensuite, pour le rendre plus diversifié & plus piquant.

Il en eſt de même des couleurs. On peut bien, pour faire des contraſtes piquans, les jetter au haſard, & placer ſans nuance le verd à côté du violet, le violet à côté du jaune. La nature le fait même dans le marbre, dans les animaux tigrés, dans les coquilles, dans les oiſeaux, où l'on trouve des oppoſitions fortes de couleurs bruſques, qui font un effet admirable ſur l'œil qui en eſt heurté, réveillé, flatté même & enchanté.

C'eſt là ce qu'on appelle un beau deſordre. Mais l'ordre primitif eſt unique par une ſuite de couleurs intermédiaires, qui, quoiqu'on en diſe, ne ſont que douze, ni plus ni moins, y en ayant préciſément trois, le céladon, le verd & l'olive entre le bleu & le jaune; deux, l'aurore & l'orangé entre le jaune & le rouge; & quatre, le cramoiſi, le violet, l'agathe, le violant, entre le rouge & le bleu.

Il est indifferent au reste par où ce cercle commence, quoique le bleu soit le ton primitif de la nature, de même que *ut* est le ton le plus naturel. On appelle ton en musique, ce cercle où cette gamme de sons commençant & finissant par *ut*, appellé tonique & finale aussi.

Mais souvent on commence par *re*, & on finit de même, la gamme ou le ton devenant alors *re*, *mi*, *fa*, *sol*, *la*, *si*, *ut*, *re*. Car on appelle ton tout cet assemblage ou cette succession de sons ou de tons ou de demi-tons renfermés dans une octave. Le mot de ton est comme on voit, assez équivoque dans la musique. Mais les Musiciens s'entendent.

On peut donc, commençant

par exemple, par le rouge, faire une gradation ou un cercle de nuances, tout auſſi régulier que celui qui commence par le bleu. Il n'y a qu'à ſuivre, rouge, cramoiſi, violet, agathe, violant, bleu, celadon, verd, olive, jaune, aurore, orangé & rouge.

Ainſi de quelque couleur qu'on parte on peut y revenir, ou s'arrêter à telle couleur qu'on veut : car ſi je veux nuancer du violet, par exemple, au jaune, je mets après le violet l'agathe, après l'agathe le demi-bleu violant, enſuite le bleu, le céladon, le verd, l'olive & le jaune. Cela eſt univerſel.

XIIes. OBSERVATIONS.

Suite du cercle des Couleurs :

Application aux divers Arts.

DU bleu au céladon, il y a une différence, la plus petite en quelque ſorte que l'œil puiſſe reconnoître : mais il y en a une enfin, & l'œil la reconnoît. Les Peintres, pour imiter la nature, ont quelquefois beſoin de fondre ces nuances l'une dans l'autre, ſi bien qu'on n'en voye pas la tranſition, & qu'il n'y ait point de ſaut ſenſible.

Les habiles Peintres y réüſſiſſent ſans difficulté à l'aide de l'œil, du goût & du ſentiment. Mais on en voit ici diſtinctement la régle & le principe. Tout conſiſte à couper l'enrre-deux par un grand nombre de nuances intermédiaires.

De même qu'on nuance du bleu au jaune par le verd, qui n'est qu'un mélange à peu près égal de bleu & de jaune, on nuance ensuite du bleu au verd par le céladon qui est un mélange de bleu & de verd, ou d'un peu plus de bleu & moins de jaune ; & du verd on nuance au jaune, en les mêlant pour produire l'olive, qui lie ces deux extrémités.

Veut-on pousser au-delà des demi-teintes ou demi-nuances, le principe est invariable, la régle est la même. Mêlez du bleu avec du céladon, vous aurez le quart de nuance entre ces deux couleurs. Mêlés de même le céladon avec le verd, &c.

Après ces quarts de teintes qui commencent à faire le glacis, &

à mener l'oeil imperceptiblement, on peut aller aux demi-quarts de teintes, mêlant par exemple le bleu avec le demi-céladon, le demi-céladon avec le céladon, le céladon avec le demi-verd, le demi-verd avec le verd.

Quand je n'aurois pas éprouvé tout ce que je dis là, je ne l'avancerois pas moins hardiment, nul Peintre ne pouvant y contredire, & la chose étant démontrée & démonstrative.

Mais je l'ai éprouvé aux yeux de plus de mille personnes, & d'une maniere plus certaine, quoique peut-être plus difficile que par la Peinture.

Je pourrois citer les témoins les plus illustres, qui ont vû entr'autres un ruban de sept à huit pieds de longueur, qui étoit un vrai cercle de couleurs, mais nuancé au parfait, non ſeulement par les demi & les quarts de teintes, mais comme à l'infini ou à l'imperceptible au moins, par les centiémes de teintes.

Les deux bouts étoient violets, l'entre-deux étoit de toutes couleurs, bleu, jaune, verd, rouge, &c. J'y avois imité par un calcul aſſez exact, toutes les couleurs de l'arc-en-ciel. M. Newton ne les a comptées qu'en gros, lorſqu'il en a mis ſept. J'y en avois fait entrer mille, bien comptées ; & il y en avoit plûtôt moins que trop. J'y en aurois bien mis deux & trois & quatre mille ſi je l'avois voulu ; mais il me ſuffiſoit d'approcher de la nature, juſqu'à tromper l'œil.

Il étoit ſi bien trompé, que de loin on y diſtinguoit fort bien toutes les couleurs de l'arc en-ciel, avec ce jaune brillant même qui eſt au milieu à peu près. On voyoit du bleu, du verd, de l'aurore, du rouge, du pourpre, du violet.

Mais on étoit tout ſurpris de voir ces couleurs diſparoître, en quelque ſorte, de près. Car il eſt poſitivement vrai qu'il n'y avoit point de couleurs pures, point de bleu pur, point de verd pur, point de jaune pur, tout étant mélangé & très-mélangé de deux, de trois, de quatre, & juſqu'à ſix, ſept, & huit couleurs.

Quand on voyoit d'un peu loin rouler ce ruban ſur une carte ou le dérouler, on auroit juré qu'on voyoit toujours la même couleur, par exemple, d'abord du violet. Cependant au trois ou quatriéme tour, on voyoit ſon œil tranſpoſé ſur du bleu, le tour ſuivant étoit encore en apparence du bleu; c'étoit du céladon, & on reconnoissoit au tour suivant, qu'on étoit au verd.

Ce verd duroit quelque temps en apparence, menant imperceptiblement au demi verd, au quart, au demi-quart de verd; & on se trouvoit dans le jaune. Ce jaune se doroit peu à peu, & passoit du couleur d'or à l'aurore, à l'abricot, à l'isabelle, tombant enfin dans l'orangé, de l'orangé dans le nacarat, dans le couleur de feu, cérise, ponceau, rubis, cramoisi, demi-cramoisi, & retombant enfin tout-à-fait dans le violet par où il avoit commencé.

Quand je lui attribue mille nuances, il n'y en a pas une à rabattre: je dois le sçavoir; elles m'ont toutes passé par les mains: & avant que la main y touchât, je les avois toutes calculées sur le papier. Car c'est une pure affaire de calcul. En voici la façon.

J'avois une chaîne toute montée, c'est-à-dire, des fils tendus, & passés par un Manufacturier dans un peigne & dans des lices, selon les regles de l'art.

Cette chaîne, si je m'en souviens, étoit couleur de chair, ou peut-être grisâtre, d'un blanc sali avec de l'ancre. J'aurois pû faire mieux, je l'avoue.

J'avois des eaux teignantes de plusieurs couleurs, & de temps en temps, de deux en deux pouces, je teignois ma chaîne, c'est-à-dire, je la salissois d'abord de violet, ensuite de bleu, de verd, de jaune, &c. c'est-à-dire encore, je l'humectois bien, avec une éponge imbibée de la teinture, que je jugeois convenable à mon dessein.

J'ai depuis ce temps-là été plusieurs fois étonné d'avoir réüssi avec un artifice si grossier : car on pourroit encore s'y prendre mieux, je le ſçais. Heureuſement ce n'étoit pas là le principal artifice, & je ne lui attribue d'autre effet utile, que d'avoir ſali la chaîne, & de l'avoir empêchée par là même, de trop ſalir les couleurs. Car un blanc ou un couleur de chair trop purs, auroient fait ici de faux jours, & falſifié toutes les vraies couleurs de la trame.

Tout dépend de cette trame, & de ſa compoſition que voici. Je donnois au Manufacturier une Navette garnie, par exemple, de ſix ou ſept brins de ſoye purement violette. Il paſſoit & repaſſoit cette navette deux, trois, quatre fois ſelon que je le lui preſcrivois, & il faiſoit une ligne ou demi-ligne d'ouvrage.

Je lui donnois une ſeconde navette où il y avoit ſix fils violets,

& un fil agathe ; il laiſſoit la premiere navette, & paſſoit la ſeconde trois ou quatre ou cinq fois, qui avançoient l'ouvrage encore d'une ligne, ou d'un demi ou quart de ligne. De quelle perfection n'auroit pas été l'ouvrage, ſi chaque navette n'eût paſſé qu'une fois ou deux ? Mais la teinture s'y oppoſoit. Les Experts ſçavent ce que je veux dire.

La troiſiéme navette étoit cinq fils violets & un agathe. La quatriéme, cinq fils violets & deux agathes. La cinquiéme, quatre fils violets & deux agathes. La ſixiéme, quatre violets & trois agathes. La ſeptiéme, trois violets & trois agathes. La huitiéme, trois violets, quatre agathes. La neuviéme, deux violets, quatre agathes. La dixiéme, deux violets, cinq agathes. La onziéme, un violet & cinq agathes.

La douziéme, un violet & ſix agathes. La treiziéme, un violet ſept agathes. La quatorziéme, zero de violet & ſept agathes. La quinziéme, huit agathes & un bleu. La ſeiziéme, ſept agathes & un bleu. La dix-ſeptiéme, ſix agathes & un bleu. La dix huitiéme, cinq agathes & un bleu. La dix-neuviéme, ſix agathes & deux bleux. La vingtiéme, cinq agathes & deux bleux, &c.

Voici la Table des calculs, ſur leſquels j'ai compoſé ce ruban nuancé.

TABLE

Pour la compoſition d'un ruban nuancé de toutes couleurs.

Violet	Agathe	Bleu	Agathe
7	0	1	7
7	1	1	6
6	1	1	5
6	2	2	6
5	2	2	5
4	2	2	4
5	3	3	6
4	3	3	5
4	4	3	4
3	4	3	3
3	5	4	4
2	5	4	3
1	5	4	2
1	6	5	3
1	7	5	2
0	7		

Bleu

Bleu	Agathe	Bleu	Celadon
5	1	1	6
6	1	1	7
7	1	0	7
7	0	Verd	
	Celadon	1	7
7	1	1	6
6	1	1	5
5	1	2	6
6	2	2	5
5	2	2	4
4	2	3	5
5	3	3	4
4	3	3	3
3	3	4	4
5	4	4	3
4	4	4	2
3	4	5	3
2	4	5	2
3	5	5	1
2	5	6	2
1	5	6	1
2	6		

Verd	Celadon	Verd	Olive
7	1	1	7
7	0	0	7
	Olive	Jaune	
7	1	1	7
6	1	1	6
5	1	1	5
7	2	2	6
6	2	2	5
5	2	3	6
4	2	3	5
5	3	3	4
4	3	3	3
3	3	4	4
4	4	4	3
3	4	4	2
2	4	5	3
3	5	5	2
2	5	5	1
1	5	6	2
2	6	6	1
1	6	7	1

Jaune	Olive	Orangé	Aurore
7	0	1	7
	Aurore	1	6
7	1	1	5
6	1	2	6
5	1	2	5
6	2	2	4
5	2	3	5
4	2	3	4
5	3	3	3
4	3	4	4
3	3	4	3
4	4	4	2
3	4	5	3
2	4	5	2
3	5	5	1
2	5	6	2
1	5	6	1
2	6	7	1
1	6	7	0
1	7		Rouge
0	7	7	1

Orangé	Rouge	Cramoisi	Rouge
6	1	1	6
5	1	1	5
6	2	2	6
5	2	2	5
4	2	2	4
5	3	3	5
4	3	3	4
3	3	3	3
4	4	4	4
3	4	4	3
2	4	4	2
2	5	5	3
2	5	5	2
1	5	5	1
2	6	6	2
1	6	6	1
1	7	7	1
0	7	7	0
Cramoisi			Violet
1	7	7	1

&c.

REFLEXIONS
Pratiques sur cette Table.

CEtte Table n'est qu'un modele pour servir ici de principe plûtôt que de regle. Il n'y a pas plus de deux cens nuances. Il y en avoit mille dans le ruban susdit.

Je faisois filer un peu plus les nuances ; je mettois jusqu'à dix ou douze fils dans la trame, & j'avois bien plus de soyes que je n'en ai compté ici.

Car je n'employe dans la Table que du violet, de l'agathe, du bleu, du celadon, du verd, de l'olive, du jaune, de l'aurore, de l'orangé, du rouge, du cramoisi, & du violet encore pour finir. Ce qui ne fait que 12 nuances naturelles dont je ne viens d'en tirer que deux cent, c'est-à-dire, une quinzaine de chacune.

Or j'avois pour faire mon ruban plus de vingt nuances prises chez le Marchand, ou acquises avec un peu d'industrie, & de chacune j'en tirois bien près de cinquante nuances artificielles ; ce qui alloit à mille au moins.

Ce qu'on trouve à Paris, chez les Marchands & chez les Teinturiers, en fait de nuances & même de diverses couleurs, ne va pas loin, ou n'alloit pas loin au moins il y a trois ou quatre années : car à force de leur demander divers tons de diverses couleurs , ils ont depuis ce temps-là exigé des Teinturiers un peu plus de diversité.

On me conseilloit d'en faire venir de Lyon, où la teinture & la manufacture des soyes sont plus sçavantes, plus riches , & plus à souhait.

Tout ce que je faisois, n'étoit

que des expériences. je faisois un nouvel art; je ne l'exerçois pas, & je voulois tout à l'heure éprouver mes spéculations à cet égard. J'étois donc forcé de me contenter de ce que j'avois à ma main; sans parler que chacun consulte ses facultés.

On seroit trop heureux si on avoit toutes choses à souhait, en faisant des découvertes. On en feroit peut-être trop : & Dieu ne veut pas qu'on en ait si bon marché. Le génie le plus inventif rampe toujours lorsqu'on le croit perdu dans les nuës. Il s'y perdroit peut-être en effet, s'il avoit le vent en poupe. En laissant faire les hommes, la Providence y met bon ordre. Un Inventeur, 1°. n'est point aidé, 2°. il est contredit.

La grande aide ici, viendroit de la teinture. Si elle fournissoit des nuances toutes faites, toutes justes, ou ce qui va au même, très-abondantes; cet art laisseroit peu à faire à celui que je propose ici.

C'est là le nœud; il faut aller au principe: j'en dirai un mot. L'art de la teinture, ou pour mieux dire, des Teinturiers, est fort imparfait: ils ne tirent pas de leurs cuves, tout ce qu'ils pourroient en tirer de nuances, soit de coloris, soit de clair obscur.

Si l'on avoit ce secours, la fabrique des rubans & de toutes sortes d'ouvrages nuancés de manufacture, seroit fort aisée à faire, & l'on teindroit à la Navette comme au Pinceau, ou du moins à l'éguille.

Absolument cet art n'est pas difficile, & ne demande qu'un peu de connoissance du coloris, telle que je la donne ici, un peu de génie

nie de calcul, & un coup d'œil juſte.

Car après avoir raſſemblé tout ce qu'on peut trouver, chez le Marchand, de ſoye convenable pour ſon deſſein, on fait ſon calcul relatif à ces ſoyes; mais on ne s'y fie pas tout-à-fait. On a l'œil ſur l'ouvrage, & on le voit venir; changeant le calcul, le corrigeant, à meſure qu'on en voit l'effet.

Autant de ſoyes différentes, autant de calculs differens. Or en divers temps, & chez les divers Marchands, on ne trouve pas deux ſoyes qui ſe reſſemblent. Le haſard de la teinture en décide; elle n'a pas de regles fixes, ni de modeles aſſûrés, qu'elle ſe propoſe de ſuivre.

Dans le ruban en queſtion, m'étant propoſé d'imiter l'arc-en-ciel, il y avoit d'autres façons. Il falloit donner à chaque nuance une certaine étenduë relative : ce qui avoit sa difficulté.

Outre cela, il falloit y maintenir un certain dégré relatif de clair-obscur : car le violet de l'arc-en-ciel est assez foncé : le rouge qui est à l'autre extrémité, l'est un peu moins ; mais le jaune entre-deux est fort lumineux ; & des extrémités vers le milieu, tout va en s'éclaircissant.

J'avois eu soin que l'agathe fût d'un dégré un peu plus clair que le violet, le bleu plus clair que l'agathe, le verd plus que le bleu, &c.

Pour faire même mieux, j'avois tous mes dégrés de coloris doubles en clair-obscur, c'est-à-dire, un violet foncé & un plus clair, un agathe foncé & un plus clair, que j'avois rendu tel, en le déboüillant.

J'avois même déboüilli un bleu fort foncé pour l'éclaircir, & en même temps lui donner le rouge du bleu violant avec un peu de cochenille, ce qui me donnoit une nuance entre le violet agathe & le bleu.

J'avois donc auſſi deux bleux plus clairs l'un que l'autre, & ſurtout deux verds, dont l'un étoit un aſſez beau verd d'émeraude, tel que celui de l'arc-en-ciel, & l'autre un verd plus éclairci, & tirant plus au jaune, &c.

Or je mêlois toujours le clair avec le foncé, de maniere que je ſubſtituois même peu à peu tout-à-fait le clair au foncé. J'uſois ainſi de mille autres petites adreſſes dont je pouvois m'aviſer.

Ce ruban, eſtimé quarante écus

par un Marchand, n'avoit coûté que trois jours & trois livres, de façon ou de matiere. Si on avoit le ſecours de la teinture, on feroit du plus beau en moins de temps, & à un moindre prix.

Au reſte la longueur du ruban demande une attention particuliere. Plus on le veut court, plus la choſe eſt difficile, moins il faut paſſer de fois la même navette; & plus il y a à craindre de faire des ſauts bruſques. Mais c'eſt au principe, à la Teinture qu'il faut aller.

XIIIes. OBSERVATIONS.

Application à la Teinture :

Avec quelques vûës pour sa perfection.

CE seroit d'abord une grande perfection, si on pouvoit réduire toutes les teintures à trois principales, à trois cuves, l'une de bleu, l'autre de rouge, & la troisiéme de jaune. Cela ne paroît pas impossible, & la pratique des Teinturiers, telle qu'elle est, s'y rapporte assez.

Je ne sçache pas qu'ils fassent des cuves à part, ni pour les violets, ni sur-tout pour les verds. Constamment pour faire un verd, ils teignent d'abord en bleu, & ensuite en jaune, ou bien d'abord en jaune & enſuite en bleu. Et pour les violets, je crois qu'ils ſont, & je ſuis ſûr par mes propres expériences mille fois repetées, qu'ils peuvent faire tous les violets, en teignant d'abord en rouge & enſuite en bleu, ou d'abord en bleu, & puis en rouge.

Or quand on peut faire les cinq couleurs bleu, verd, jaune, rouge & violet avec trois cuves de bleu, de rouge & de jaune, on peut abſolument faire toutes les couleurs, toutes ſe réduiſant à ces cinq ou même aux trois.

Car le celadon ſe fera ſans difficulté, ou en retrempant le verd dans le bleu, ou en trempant plus long-temps dans le bleu que dans le jaune. L'olive en trempant dans le jaune plus que dans le bleu.

L'aurore ſe fera de même avec une petite teinture de rouge, ſur une forte teinture de jaune : l'orangé avec une foible teinture de jaune, ſur une forte de rouge : le rouge couleur de feu avec une teinture de cochenille ou d'écarlatte, rabattu d'un peu de terre-mérite.

Le cramoiſi ſe fera immédiatement avec la cochenille pure ou la graine d'écarlatte, ou les deux, parce que ces drogues ſont naturellement cramoiſies. Les pourpres, les roſes, les couleurs de chair, ſe font avec le même bain plus ou moins fortement doſé, ou pour la quantité des drogues, ou pour le temps de la trempe.

Le violet rouge ou violet cramoiſi, violet d'Evêque, ou violet tout court, ſe fera avec la teinture rouge ou cramoiſi, ſurmontée d'une petite teinte de bleu. Le violet agathe ou violet bleu, demande plus de bleu & moins de rouge.

Et enfin le violant ou bleu ardent, eſt une teinture bleue un peu trempée dans le rouge. Que veut-on de plus ſimple?

Pour les noirs,les Teinturiers du bon teint y font entrer les trois couleurs ; mais ils les achevent avec la couperoſe & la galle. Je ne voudrois pas aſſûrer que les trois couleurs puſſent abſolument y ſuffire ; mais je crois qu'on pourroit le tenter.

Sur-tout je voudrois qu'on tachât à s'y paſſer de couperoſe, qui, ſûrement brûle les étoffes, ou les gâte enfin. On l'adoucit par le bois d'Inde ; qui même y ſupplée en partie, & en fait diminuer la doſe : ce ſeroit un grand coup ſi le ſupplément étoit entier, ou à peu près.

D'abord le bois d'Inde fait quelque choſe de bien approchant du noir, ſur-tout avec la galle qui aſſûre tout-à-fait ſa teinture. Et du reſte le bleu profond approche bien du noir, dans la Teinture comme dans la Peinture. Le bois jaune mêlé avec la garance & le bleu, aide beaucoup auſſi au noir.

Je ſuis perſuadé qu'en traitant un peu la cochenille avec l'indigo, le bois jaune, la galle, & quelques autres ingrediens bien boüillis & incorporés, on feroit du noir.

C'eſt une obſervation conſtante de la Teinture, que rien n'eſt plus difficile à traiter qu'une cuve de bleu, & qu'on a bien de la peine à l'empêcher de tourner au noir. Loin de l'en empêcher, on pourroit lui aider; le bois d'Inde y tourne facilement, & la cochenille auſſi.

Il m'eſt arrivé de voir une diſſolution de cochenille tourner tout-à-fait au noir, par trop boüillir, & par trop d'alun. De soi toutes les couleurs qu'on tourmente trop, se salissent, se grisent, & tournent enfin au noir.

Il seroit tout-à-fait simple, & d'un art admirable, que toutes les Teintures du monde se fissent avec trois cuves. Mais le comble de la perfection seroit qu'on les fit à froid.

Le feu gâte les étoffes : il exige de grandes attentions, de grands travaux, de grandes dépenses, & expose à de grands inconvéniens. Ce seroit un grand bien qu'on pût s'en passer, ou du moins qu'après avoir dissout les drogues par le feu, & tiré la Teinture, on pût la conserver dans des vases à part, pour s'en servir au besoin.

Des trois couleurs primitives,

il y en a d'abord une, & la principale, qu'on peut faire à froid, & en aussi petite quantité que l'on veut, & qui se garde même fort long-temps, pour peu qu'on la manie sagement. C'est celle du bleu, au moins avec l'indigo.

Je l'ai pratiquée, & n'y ai point reconnu d'inconvenient. La couperose y entre; je n'assûre pas qu'elle y soit absolument nécessaire. La chaux paroît l'être, la chaux vive. Les Teinturiers n'employent pas l'indigo sans la chaux, même au feu.

Elle entre aussi assez volontiers dans les rouges. Et en général la chaux me paroît donner aux couleurs une subtilité, une vivacité qui les fait pénétrer bien avant, & s'enraciner, même dans les étoffes. La chaux tourne les couleurs un peu au noir; & cela même les rend bien teignantes ; une couleur n'étant jamais plus forte ni meilleure, que lorſqu'elle a en elle-même un fonds de noir.

Plus une couleur a de noir dans ſon propre fonds, plus elle foiſonne dans la peinture ; & il en eſt de même dans la teinture. Le noir, ſelon M. Newton, conſiſte dans des parties extrêmement diviſées : ce qui le rend fort *couvrant*, fort teignant. Le bleu, qui approche le plus du noir, eſt fort couvrant, fort teignant.

Il m'a paru qu'à l'aide de la chaux, on pouvoit rendre le rouge teignant à froid. Je n'ai pas pouſſé là-deſſus l'expérience auſſi loin que ſur le bleu, que je donne pour éprouvé. La chaux tient ſans doute lieu de feu, dans la teinture.

Mais cela même me fait craindre qu'on ne puiſſe pas s'en ſervir pour la teinture en jaune, à froid. Car j'entends dire que la chaux & tous les ſels urineux & lixiviels, ſont contraires aux jaunes; & que loin de les fortifier, elle les concentre & les enerve.

Le jaune eſt tourné au blanc, au clair, de ſa nature. La chaux en favoriſant le noir, pourroit bien être contraire au jaune.

Cependant il y a des jaunes qui ſouffrent la chaux. Il y en a qui teignent à froid. Le fuſtet teint fort bien a froid; mais ſa teinture, d'abord aſſez belle, n'a point d'aſſûrance.

Je n'ai éprouvé, ni à froid ni avec la chaux, la gaude qui fait, je crois, le plus beau jaune & le plus vrai. Je crains qu'il ne faille du feu, au moins pour défaire la gaude, & en tirer la teinture.

J'ai remarqué que la chaux &

l'urine, tournent au jaune bien des couleurs rouges, nommément la teinture du bresil.

Les acides paroissent assez convenir au jaune. L'eau-forte convient à merveille au rouge ; mais au rouge nacarat, écarlatte, couleur de feu ; donnant à la cochenille & à la graine d'écarlatte, ce petit air clair & jaunissant, qui avive & constitue même le couleur de feu.

J'ai vingt fois éprouvé que trop d'eau forte jaunit beaucoup le rouge ; mais que la chaux le rétablit un peu, le rougit & le fonce. Je suis assez sûr que la chaux fonce le rouge & le bleu.

Je n'ai jamais eu le temps & la liberté de faire des teintures dans des phioles, propres à teindre sur le champ, à froid, tout ce qu'on veut. Il y a des livres qui promettent de pareilles teintures. Je n'ai jamais eu de goût pour tous ces ſecrets des livres, & je n'en ai guéres éprouvé.

Je croirois cependant qu'on pourroit abſolument y réüſſir, pour avoir la liberté d'en faire toutes ſortes d'expériences.

Mon but ſeroit quelque choſe de mieux, ſi j'avois la liberté d'y travailler. Ce ſeroit d'avoir des extraits de teintures dans des phioles ou dans des pots, c'eſt-à-dire, des eſpeces de ſirops ou de gelées en conſiſtence d'extrait de genievre ou de miel, tirées des drogues de la teinture, à l'aide de l'eau & du feu, & dont on n'eût qu'à prendre une cueillerée, à le délayer dans un vaiſſeau plein d'eau pour y tremper de la ſoye, de la laine, de l'étoffe, & tout ce qu'on voudroit teindre. Cela ſeroit commode, mais eſt-il poſſible ? Je ne le crois pas impoſſible.

L'indigo n'eſt que l'extrait d'une plante Americaine nommé *anil*. Le carmin & la lacque ſont un extrait de la cochenille. Bien d'autres couleurs ne ſont que des extraits. On les met dans l'eau, on les y fond, & la diſſolution eſt bonne pour peindre en bleu, en rouge, &c. Le verd de veſſie n'eſt ſur-tout qu'un extrait de nerprun. La gomme gutte eſt une gomme en effet, & un extrait naturel.

Il s'agiroit d'en faire de pareils pour la teinture : il faudroit que ce fuſſent des gommes : on y en mêleroit en effet quelqu'une ; mais il ne faudroit pas les ſécher comme on fait l'indigo, la lacque ou le carmin. On les conſerveroit, comme j'ai dit, dans des phioles, en conſiſtence d'extrait.

XIVes.

XIVes. OBSERVATIONS.

Des dégrés de clair obscur.

J'Avoue qu'il ne m'est pas aussi aisé de constituer les dégrés du clair-obscur, qu'il me l'a été de constituer ceux du coloris, & que n'étoit même le secours de ceux-ci, je n'aurois jamais trouvé rien de fixe à établir sur ceux-là.

Les couleurs ont par elles-mêmes des caracteres propres & distinctifs qui empêchent bien qu'on ne les confonde, & qui leur ont fait attribuer des noms propres. Le verd n'a rien de ressemblant au rouge, au jaune, au violet, ni presqu'au bleu.

A mesure cependant qu'elles se rapprochent par le mélange, elles se confondent, & deviennent fort indécises. Le celadon qui sépare le bleu du verd, ressemble fort à chacune de ces deux couleurs, & on ne sçauroit pousser la distinction spécifique au-delà.

Le clair-obscur n'est bien décidé que dans ses extrémités, noir & blanc, & tout au plus dans son milieu qui est le gris, résultant d'un mélange égal sinon de noir & de blanc, du moins d'ombre & de lumiere.

Car le noir couvrant plus que le blanc, je dis notre noir & notre blanc imparfaits; un mélange d'un poids égal de noir & de blanc, seroit plus noir que blanc, auroit plus d'ombre que de lumiere.

Tout paroît venir originairement du noir; & Dieu tirant toujours le bien du mal, & jamais le mal du bien, c'est des ténébres qu'il a tiré la lumiere, puisqu'il est même comme de soi que les ténébres étoient sur la terre & dans tout l'univers, avant que Dieu y introduisît la lumiere.

Je parle des choses créées : car Dieu qui est une pure lumiere sans mélange de ténébres, étoit avant toutes choses. Efficiemment tout vient de la lumiere, tout venant de Dieu comme cause efficace & créatrice. Mais formellement tout vient des ténébres, en ce que la matiere est de soi ténébreuse & inanimée.

Il est remarquable que dans la teinture, le noir est teinture, & que le blanc ne l'est pas. On teint en noir par l'addition d'un vrai noir, qui enveloppe le blanc, le salit, le cache, le détruit ; toute couleur cachée & non visible, n'étant pas une couleur, n'existant pas.

Mais en teinture même, on ne

teint pas en blanc. On ne fait point de cuve de blanc : il n'y a point de drogues au monde capables de former une teinture blanche, propre à teindre les corps colorés : au lieu que toutes les drogues peuvent alterer le blanc, le colorer, le tirer même au noir.

On n'a pas d'autre secret en teinture pour blanchir les choses, la soye par exemple, que celui qu'on a par tout ailleurs, de lessiver, de savonner, de laver ; ce qui est plûtôt la soustraction d'une teinture, qu'une teinture-même.

On blanchit la soye en la décruant, en lui arrachant cette espece d'enduit jaune que la nature y a mis. La vapeur du soufre blanchit aussi extrêmemeut la soye, & les Teinturiers s'en servent, surtout, lorsque le blanc est leur dernier but.

Car le plus ſouvent on ne blanchit la ſoye que pour la préparer à recevoir d'autres teintures de couleurs, au lieu qu'une ſoye ſoufrée eſt blanche à demeure, ſans qu'on puiſſe lui faire prendre aucune teinture, ſi ne n'eſt peut-être après l'avoir bien purifiée de ſon ſoufre : choſe dont j'ai éprouvé la poſſibilité, quoiqu'en diſent les Teinturiers, trop bornés à leurs opérations d'habitude.

Les toiles ſe blanchiſſent à l'air, au ſoleil, à la roſée, à la leſſive. La cire, la laine, la plûpart des choſes ſe blanchiſſent de même. Le feu blanchit bien des choſes, en les calcinant tout-à-fait; mais après les avoir bien noircies, en les brûlant ſimplement.

Les Peintres cependant ont un blanc couleur, comme ils ont un noir; mais c'eſt, grace à la groſſiereté, des eſpeces de teintures; vrais enduits épais qu'ils donnent aux choſes, en les couvrant tout-à-fait, & très ſuperficiellement: au lieu que les couleurs des Teinturiers ſont fines & pénétrantes.

Enfin le noir eſt d'abord la baſe du clair obſcur : de ce noir ſort le blanc par voye de développement, d'éduction, d'éxaltation, ſi l'on veut de génération. Et enfin du noir & du blanc réünis ſort le gris par voye de mélange. Et ce ſont là les trois dégrés les plus marqués du clair-obſcur, le noir, le gris & le bleu.

Le gris tient le milieu, étant moitié ombre, moitié lumiere. Il eſt unique, & le gris par excellence : toutes les fois qu'on parle de gris, étant naturel d'entendre, le gris moyen, qui eſt le clair-obſcur auſſi par excellence.

Tout ce qui eſt au-deſſous de ce gris moyen, eſt gris noir, tout ce qui eſt au-deſſus eſt gris blanc. Et voilà encore deux eſpeces aſſez déterminées, leſquelles avec les trois primitives, en font cinq, le noir, le gris noir, le gris moyen, le gris blanc & le blanc.

Il n'y a de ſcientifique que ce qui eſt réduit au géometrique, & il n'y a de géometrique que ce qu'on ſoumet au calcul. Oſerois-je comparer le clair-obſcur au coloris, ſans vouloir les confondre néanmoins ? Cette comparaiſon paroît bien naturelle.

Il y a une couleur primitive, C'eſt le bleu. Il y a un clair-obſcur primitif, c'eſt le noir. Ce bleu engendre deux couleurs ſecondaires, le jaune & le rouge. Le noir engendre deux clairs-obſcurs ſecondaires, le gris & le blanc : & il y a trois dégrés primitifs de clair-obscur, comme trois dégrés primitifs de coloris.

Il y a ensuite cinq couleurs toniques, le bleu, le verd, le jaune, le rouge & le violet. Et nous venons de découvrir cinq dégrés de clair-obscur, après lesquels le commun n'en connoît plus de déterminés, non plus qu'il connoît des dégrés de coloris differens des cinq susnommés.

Je ne dis pas cependant que cette comparaison soit très-juste : car le gris moyen n'est qu'un simple mélange de noir & de blanc, au lieu que le jaune n'est pas un mélange de rouge & de bleu, ni le rouge un mélange de bleu & de jaune.

Mais le verd entre le bleu & le jaune, est un mélange des deux, & le violet entre le rouge & le bleu,

bleu, eſt mélangé des deux auſſi. Et de même le gris noir entre le noir & le gris, eſt mélangé des deux; & le gris blanc, entre le gris & le blanc, réſulte de leur mélange.

Tout le clair-obſcur poſſible, n'eſt qu'un mélange de noir & de blanc, d'ombre & de lumiere; au lieu que le coloris ne réſulte du mélange qu'en partie, y ayant trois couleurs véritablement primitives & ſimples, le bleu, le rouge & le jaune, ſans aucun mélange: au lieu qu'il n'y a que deux dégrés de clair-obſcur, qui ſoient primitifs & non mélangés l'un de l'autre; le gris n'étant qu'un mélange des deux, noir & blanc.

Or, comme le clair-obſcur n'eſt jamais qu'un mélange d'ombre & de lumiere; il paroît que tous les dégrés de clair-obſcur, ne doivent differer que par la ſimple proportion du mélange qui les conſtituë.

Sur ce principe, j'ai formé divers mélanges de noir & de blanc, & j'ai trouvé le nombre comme infini des gris : car après avoir conſtitué les cinq dégrés, noir, gris-noir, gris, gris-blanc, & blanc, j'ai interpoſé des dégrés moyens entre toutes ces eſpeces, mêlant le noir avec le gris-noir, le gris-noir avec le gris, le gris avec le gris-blanc, & le gris-blanc avec le blanc.

Cela m'a donné quatre eſpeces nouvelles, & neuf eſpeces en tout; le noir, le noir-gris-noir, le gris-noir, le gris-noir-gris, le gris-moyen, le gris gris-blanc, le gris-blanc, le blanc-gris-blanc, & le blanc pur.

Toutes ces eſpeces ſont ſenſibles, & l'œil les diſtingue avec facilité. Mais il n'en eſt pas de même ſi on va plus loin, en mêlant le noir avec le noir-gris-noir, le noir-gris-noir avec le gris noir, &c. Les dégrés, tout differens qu'ils sont,au nombre de dix-sept, ne le sont que pour l'esprit. L'œil les confond.

Ce seroit bien pis, si on alloit plus loin, en mêlant ces dix-sept especes deux à deux, pour en former seize nouvelles, & trente-trois en tout. L'œil s'y perd, sur-tout dans les deux extrémités, & encore plus dans les noirs: non qu'on n'y sente, en les comparant, une vraye différence; mais c'est qu'il faut trop la chercher, & qu'on s'y méprend trop facilement.

Je conviens que pour les sciences, l'esprit ne doit se borner à rien, & qu'il lui est permis de suivre les objets jusques dans l'infini, soit en petitesse, soit même en grandeur.

Mais pour les arts qui doivent

après tout être le but de nos sciences solides, il faut se proportionner à la portée, & à la juste portée des sens, qui ne vont pas si loin.

Il leur faut des objets déterminés, & qui ayent un nom & un caractere précis. Voyez comme dans la musique l'oreille & la voix se bornent naturellement aux demi-tons : & dans les couleurs, l'œil se borne de même aux demi-teintes ; la plûpart même des oreilles & des yeux, n'allant qu'avec peine jusques-là.

En effet, la plûpart de ceux qui apprennent la musique, après avoir assez facilement attrapé la gamme diatonique, *ut*, *re*, *mi*, *fa*, *sol*, *la*, *si*, *ut*, ont bien de la peine à attraper le chromatique, les diezes de l'*ut*, du *re*, du *fa*, du *sol*, du *la*, ou les bemols de, &c.

Et dans les couleurs c'est le même : tout le monde connoît les couleurs pleines, le bleu, le verd, le jaune, le rouge, le violet; mais passé cela, la plûpart n'y connoissent plus rien.

Mon but est donc dans le clair-obscur, de déterminer un nombre de dégrés bien espacés, que l'œil puisse reconnoître avec la même facilité, qu'il reconnoît au moins les demi-teintes, bleu, celadon, verd, olive, &c.

Les neuf dégrés que j'ai déja assignés noir, noir-gris-noir, gris-noir, &c. sont très-reconnoissables; & parce qu'ils sont très-reconnoissables, ils le sont trop, ne devant l'être que pour un œil sçavant & exercé, comme les demi-teintes dans le coloris, & les demi-tons dans la musique vulgaire.

D'un autre côté, les dix-sept

degrés qui viennent après ces neuf, ne me paroiſſent pas aſſez faciles à reconnoître, & il m'a toujours paru impoſſible de les fixer. J'ai donc cherché entre neuf & dix-ſept, un nombre qui ſatisfît aux deux conditions de n'être pas trop reconnoiſſable, & de l'être aſſez; de ne l'être pas pour un œil ignorant, de l'être pour un œil inſtruit.

C'eſt ici que j'avoue, que je n'ai point encore de démonſtration immédiate pour un nombre plûtôt que pour un autre; mais que celui de douze m'a paru plus convenable.

Je m'y détermine, 1°. par l'analogie du coloris, & par celle du ſon, 2°. par le jugement de l'œil, & par la poſſibilité que j'ai toujours trouvée à déterminer & à reconnoître douze dégrés de gris, ou de clair-obſcur, ou même treize en comptant le dernier : ce qui ne fait pourtant jamais que douze eſpaces.

Pour les former, lorſque j'en ſuis aux cinq dégrés bien déterminés, noir, gris-noir, gris-moyen, gris-blanc, & blanc, au lieu de partager l'entre-deux de chaque dégré par un gris-moyen : ce qui ne m'a donné que neuf dégrés ; je le partage par deux gris : ce qui m'en donne douze.

Par exemple, je prends deux parties de noir & une de gris-noir ; ce qui me donne le noir-noir-gris-noir : je prends enſuite une partie de noir ſur deux de gris-noir : ce qui me donne le noir-gris noir. Je prends enſuite une partie de noir ſur deux de gris-noir ; ce qui me donne le noir gris-noir. Enſuite vient le gris-noir.

Je prends de même deux parties de ce gris-noir; que je mêle avec une partie de gris, & j'ai le gris-noir-gris. Ensuite une partie de gris-noir avec deux de gris, me donne le gris-gris-noir, &c.

Et de cette maniere, j'ai mes douze ou treize dégrés de gris ou de clair-obscur bien espacés du noir au blanc. En voici la liste.

NOIR, NOIR-NOIR-GRIS-NOIR, NOIR-GRIS-NOIR, GRIS-NOIR, GRIS-NOIR, GRIS-GRIS, GRIS-NOIR, GRIS GRIS-GRIS-BLANC-GRIS, GRIS-GRIS-BLANC, GRIS-BLANC, GRIS-BLANC, BLANC-BLANC-GRIS-BLANC-BLANC, & BLANC PUR.

Tous les jours des yeux attentifs ne laissent pas de distinguer ces douze ou treize especes; & j'ai vû vingt fois quelqu'un traitant un gris de gris-blanc, quelqu'autre le trouver gris-blanc sale, ou même gris-blanc-gris ; & d'autrefois quelqu'un disant, voilà un gris-noir, d'autres dire, il est des plus noirs-gris-noirs qui se fassent.

Passé les cinq especes susdites, on n'a rien de fixe, ni de nom qui porte une juste idée ; cependant je crois utile, pour la connoissance du clair-obscur, & pour la peinture même, & la teinture, d'en fixer les dégrés décidés ; sur-tout, le nombre n'en étant pas aussi grand qu'on pourroit l'imaginer.

XVes. OBSERVATIONS.

Application de la Théorie du clair-obscur, aux Arts :

Nommément à la Peinture, à la Teinture, & aux Manufactures.

LEs ombres que les corps jettent, étant opposés à diverses lumieres, forment, à bien dire, le vrai clair-obscur, que notre noir & notre blanc grossiers de Peinture, & même de Teinture, n'imitent qu'imparfaitement.

Ces ombres sont un vrai mélange d'ombre ou de ténebres pures, & de lumiere pure, incorporelles en quelque sorte, les unes & les autres.

Les ténébres pures sont incorporelles en ce qu'elles ne sont rien, ce qui s'appelle rien. Voilà une lumiere qui éclaire un espace : vous interposez un corps opaque entre cette lumiere & cet espace : cet espace ne reçoit plus de lumiere, n'est plus éclairé, n'a plus qu'une négation de lumiere, un néant de lumiere.

L'ombre n'est rien, mais la lumiere est quelque chose : c'est le mouvement d'un corps, mais d'un corps si subtil, & si subtilement mû, qu'il est comme incorporel : car nous ne traitons bien de corporel, que ce que nous touchons, ce que nous voyons au moins. La lumiere par qui nous voyons tout, ne peut être ni vûë, ni touchée ; & sa subtilité la dérobe même à notre imagination.

Nos ombres, les véritables ombres, étant un mélange d'ombre & de lumiere, sont au moins en partie incorporelles, & du reste; tout-à-fait subtiles & impalpables.

N'admettons point d'idées vagues. Si les ténébres ne sont rien, comment peut-on dire que l'ombre & le clair-obscur, qui est pourtant quelque chose, est un mélange d'ombre & de lumiere, c'est-à-dire, d'être & de néant?

Cette expression a pourtant un bon sens. Le néant se mêle à l'être négativement, c'est à-dire, par le retranchement de l'être, par sa diminution, par son affoiblissement.

L'ombre pure est le retranchement pur de toute lumiere : c'est le néant pur, néant de lumiere. Mais les ombres imparfaites, les ombres ordinaires, sont un mélange d'ombre & de lumiere, en ce sens que c'est un affoiblissement de lumiere, une moindre lumiere.

Car, à bien prendre les choſes, le noir & le blanc mêlés, font un vrai mélange d'ombre & de lumiere, en ce que c'eſt un mélange de corps lumineux, & de corps non lumineux ; ou ſi l'on veut, un mélange de rayons lumineux, c'eſt-à-dire réflechis, & de rayons non lumineux, abſorbés, & non réflechis.

Au lieu que ce que nous appellons les ombres des corps, ou en général, l'ombre, eſt une ſimple lumiere, mais affoiblie plus ou moins, ou une moindre lumiere.

Pour bien entendre ceci, il faut remarquer, que l'air eſt illuminé communément d'une infinité de lumieres différentes, reflechies de tous les corps environnans.

La lumiere directe eſt unique,

& communément la plus forte. Un corps exposé à cette lumiere, jette son ombre du côté opposé; mais cette ombre n'est point une pure ombre. L'espace qu'elle occupe, se trouve éclairé de mille reflects; c'est-à-dire, de tous les filets de lumiere qui y réjaillissent de toutes parts.

C'est donc une lumiere, mais une moindre lumiere; c'est-à-dire, moindre qu'elle ne seroit, si le corps qui la forme, n'étoit point là. Elle est moindre que celle des espaces environnans, qui n'ont point l'interposition d'un corps, entre eux & la lumiere en question.

Ce qui la fait paroître ombre, c'est la comparaison de cet espace moins illuminé, avec les espaces circonvoisins qui sont plus illuminés.

On peut fortifier cette ombre

par dégrés, en environnant cet espace de plus ou moins de corps, qui lui ôtent les reflects qui lui viennent d'ailleurs. On pourroit rendre l'ombre pure & parfaite, en renfermant l'espace d'une cloison impénétrable de toutes parts à toute lumiere, soit directe, soit réflechie.

Il est bon, pour la Peinture même, de bien remarquer cette différence essentielle, qu'il y a entre l'ombre, & le gris composé de noir & de blanc; celui-ci étant un vrai mélange d'ombre & de lumiere par filets alternativement absorbés & réflechis; & l'ombre n'étant qu'un affoiblissement de lumiere.

Car suivant cette distinction, il paroît qu'il y a des occasions, où l'ombre doit être traitée avec un mélange de noir & de blanc, qui tanne les couleurs avec quoi on les mêle ; & qu'il y en a d'autres, où l'ombre n'admet que des couleurs pures, sans mélange de noir ni de blanc.

En général les ombres sont colorées, jaunâtres mêmes, ou un peu verdâtres, par un petit mélange de bleu qui fait le vrai noir couleur, sauf les petits reflects particuliers des corps coloriés, qui sont tout autour.

Pour vérifier tout ceci, & le réduire à quelque pratique, j'ai collé sur une bande de papier, treize cartes, l'une à côté de l'autre. J'ai couvert la premiere de noir, & la derniere de blanc.

Ensuite, j'ai couvert la seconde de noir encore, avec très-peu de blanc ; de maniere qu'il y eût une très-petite différence, d'une carte à l'autre. Sur la troisiéme

carte,

carte, j'ai mis encore du noir avec un peu plus de blanc. Sur la quatriéme, j'ai diminué le noir, & augmenté le blanc.

J'ai couvert de même toutes les cartes, en diminuant le noir, & augmentant toujours le blanc, à mesure que j'approchois de la derniere toute blanche. J'avois soin que les différences fussent bien égales, quoique inégalement sensibles.

Car dans les gris-noirs il faut y regarder de près; & cela doit être, toutes choses égales d'ailleurs: le noir portant peu de lumiere, pour éclairer celui qui le contemple.

Je me réglois sur le jugement de l'œil, sans perdre de vûë de certains principes généraux. Je tâchois, 1°. de bien placer le gris-moyen, entre le noir & le blanc, de maniere que l'œil trouvât le même trenchant du noir au gris, que du gris au blanc.

J'établiſſois, 2°. de mon mieux, le gris-noir, bien mitoyen entre le noir & le gris, & de même le gris-blanc, entre le gris & le blanc, & je me réglois de même pour les autres intermédiaires. Ceci n'eſt pas l'ouvrage d'un jour, ſurtout pour quelqu'un, comme moi, qui n'eſt pas Peintre de profeſſion, ni même de goût, ne l'étant qu'après coup, & par le ſeul goût de la ſcience.

J'avois encore, 3°. pour principe, que partageant mes teintes en trois, les quatre premieres devoient être des gris-noirs, preſque tous noirs; les quatre ou cinq du milieu, devoient être des gris comme purs, avec une petite différence de plus ou moins gris-noirs ou blancs; & les quatre dernieres devoient être des blancs-gris-blancs, avec une petite teinte de gris & de blanc, plus ou moins forte dans les uns que dans les autres.

D'autrefois je les partageois en quatre classes : & je considerois les trois premiers, comme des noirs ; les trois ou quatre suivans, comme des gris-noirs ; les trois autres comme des gris-blancs, & les trois derniers, comme des blancs : & j'éxaminois si le coup d'œil répondoit à l'idée.

Je les examinois un à un, & je les comparois chacun avec celui qui le précédoit, & avec le suivant.

Le plus souvent je les considerois en gros, & comme en bloc, jugeant de loin si l'œil glissoit doucement, rapidement même sur la nuance, sans que rien l'arrêtât.

Je confiderois fur-tout en gros, fi de loin l'objet pourroit fe réduire à trois teintes égales, de noir, de gris, & de blanc, en forte qu'un œil fçavamment diftrait, pût n'y voir que du noir & du blanc aux extremités, & du gris dans le milieu.

La grande attention de l'efprit dans ces diftractions affectées de l'œil, eft fur-tout à mefurer d'un coup d'œil les trois efpaces, noir, gris & blanc, pour voir s'ils font égaux: car c'eft là encore un principe, & cela doit être.

Un bon fecours pour réuffir à ceci, eft de peindre plufieurs bandes pareilles de douze ou treize cartes graduées de noir & de blanc, de les peindre fans regarder celles qui font peintes, & puis de les confronter. L'une aide à juger du défaut de l'autre.

Il faut même les corriger sans les comparer ; & puis comparer les corrections. Pour moi, je suis persuadé que deux pareilles bandes faites avec ce soin, ne peuvent se trouver les mêmes sans être les vrayes. Trois sur-tout rassûrent l'œil, quatre & cinq lui donnent une espece d'infaillibilité. Le hasard est multiple ; le vrai seul est unique.

Sans parler qu'on ne peut jamais trop s'écarter, à cause du noir & du blanc qui sont aux deux bouts, resserrent l'espace, & forcent à le diviser avec justesse, en douze espaces qui ne peuvent être inégaux, sans que l'œil en soit choqué.

On peut, au lieu du noir & du blanc, se servir d'un jaune verdâtre, & de la terre même d'ombre mêlée d'un peu de bleu ou du noir couleur, en l'éclairciſſant avec du blanc. Rien n'imite mieux les vrayes ombres, dans l'air jaunâtre nebuleux qu'elles ont communément.

Du reſte après avoir fixé les dégrés du clair-obſcur à douze, on peut les étendre par des ſous-diviſions, comme à l'infini.

Cette diviſion en douze dégrés, eſt comme le principe ſcientifique de ce que les Peintres appellent *lavis* ou *éclairciſſement*.

Le lavis conſiſte à mener une couleur imperceptiblement, depuis ſon dégré le plus bas, ou le plus foncé, juſqu'au plus clair.

Pour s'y exercer & s'y rendre très-parfait, après avoir diviſé le clair obſcur en douze dégrés, comme je viens de le faire, il n'y a qu'à le ſous-diviſer en vingt-quatre ou vingt-trois, par la ſous-diviſion de chaque dégré.

Cette diviſion en vingt-trois approche déja beaucoup de l'imperceptible. Et d'abord pour les quatre gris-noirs les plus foncés, il eſt difficile que l'œil aille beaucoup plus loin que ſept ou huit dégrés, depuis le noir pur, juſqu'au gris-noir.

Le reſte peut ſe ſous diviſer encore, ſur-tout les cinq gris moyens dont les intervalles ſont les plus ſenſibles. Car c'eſt toujours dans les milieux que le jugement de l'œil, ou même de tous nos ſens, eſt le plus ſûr; les extrémités étant toujours hors de notre portée.

Peu de gens penſent à ce qu'ils diſent, peu connoiſſent le ſens profond de leur diſcours le plus proverbial. Une certaine vérité vague qu'ils entrevoyent d'un coup d'œil, les autoriſe ſeule à parler.

On accuse volontiers l'homme de donner dans les extrémités, & là-dessus on sera surpris que je mette les extrémités des choses hors de la portée commune.

Ma coutume dans les sciences, n'est pas de rejetter les pensées dont elles sont en possession, mais d'y en ajouter de nouvelles, que leur nouveauté seule fait paroître contradictoires ; mais qui n'ont besoin que de conciliation. J'aime fort le métier de conciliateur.

C'est parce que les extrémités sont hors de la portée de nos sens, de notre esprit, de notre jugement, que nous y donnons si volontiers. C'est ici, j'ose dire, une reflexion utile & instructive. Je ne la développerai que dans le point de vûë particulier, où mon sujet me la présente. L'application à d'autres sujets, à la morale même,

en

en sera facile après celle-ci.

Représentons - nous donc nos douze ou treize dégrés de clair-obscur, bien déterminés sur autant de cartes mises sur une bande de papier, l'une à côté de l'autre, suivant leur ordre.

D'un coup d'œil attentif, partageons-les en trois classes de noir, de gris-moyen & de clair, & observons bien que les quatre clairs sont plus distincts & mieux tranchés que les noirs, & que les quatre ou cinq gris-moyens ont des différences encore mieux marquées que les clairs.

Par une premiere sous-division de tous ces dégrés qui en donne vingt-trois, c'est-à-dire, sept noirs ou obscurs, neuf moyens & sept clairs; la différence des obscurs s'évanoüit, & ils sont, fort à peu près au moins, dans les regles du lavis.

Par une ſeconde ſous-diviſion des neuf moyens & des ſept clairs ; ce qui me donne dix-ſept moyens & treize clairs, la différence de ceux-ci devient imperceptible, ou à peu près ; mais celle des dix-ſept moyens peut ſouffrir encore une ſous-diviſion, qui en donne trente-trois.

De ſorte qu'en tout on a, pour un parfait lavis, ſept dégrés de brun, trente-trois de moyen-clair-obſcur, & treize de clair : ce qui fait cinquante-trois dégrés.

L'œil gliſſe ſans que rien l'arrête ni le fixe, ſur des dégrés ſi raprochés, & qui ne forment plus qu'une pante douce, aiſée, & par là même rapide : & comme dès qu'on ſort tant ſoit peu du milieu, la pante eſt naturellement plus rapide vers les extrémités, de-là vient qu'on s'y porte ſi facilement, ſur-tout vers le noir par défaut, & quelquefois vers le blanc par excès.

Qui doute que l'homme ne ſoit plus défectueux qu'exceſſif dans ſes jugemens & dans toute ſa conduite? Le cas préſent nous fait voir qu'on retombe volontiers dans le noir ſans s'en appercevoir, parce qu'en effet de ſoi il eſt peu perceptible; au lieu que le blanc porte ſon jour, & n'ôte le jugement à l'œil, que parce qu'à la fin il ne laiſſe pas de l'éblouir.

La juſte portée de l'œil, de l'oreille, de l'homme en général, eſt donc la médiocrité, le milieu de toutes choſes.

Qu'on obſerve le lavis de la plûpart des Deſſinateurs, la maniere de nuancer de la plûpart des Peintres, on les verra toujours attraper mieux les milieux des couleurs.

ou du clair-obſcur, & ſe précipiter toujours dans les extrémités de l'obſcur & du clair, ſur-tout de l'obſcur.

On diroit qu'ils ſe ſont endormis dans les dégrés moyens, & qu'ils ont couru la poſte dans les extrémités.

La regle certaine pour un clair-obſcur parfait, eſt de rendre le plus égaux qu'il ſe peut les trois eſpaces d'obſcur, de moyen & de clair. Cela fait un coup d'œil admirable & pinle d'harmonie, sauf cependant l'imitation de la nature qui précipite quelquefois les dégrés avec entente, pour les faire trancher par des contraſtes qu'elle ſçait bien adoucir.

XVIes. OBSERVATIONS.

Continuation de la matiere du Clair-obscur, appliquée à la Teinture & à la Manufacture.

QUand je borne les dégrés du lavis à cinquante-trois, je ne prétends cependant rien borner. Je parle de la portée ordinaire des yeux ordinaires. Mais en même-tems j'exhorte ces yeux-là mêmes, sur-tout dans la jeunesse, à ne pas se borner.

Je sçai que nos sens comme notre esprit, ont beaucoup plus d'étenduë que nous ne leur en donnons communément ; & que ce sont des especes de gands qui prêtent, & peuvent toujours contenir des mains plus grandes que celles ausquelles on les borne.

Tous nos sens, nos yeux nommément, sont capables d'une grande finesse, d'une grande sagacité, d'une grande intelligence; les uns plus cependant, les autres moins. Il y a des yeux qui voyent les atomes, dit-on proverbialement: chacun doit y viser de son mieux. A force de s'exercer aux trois, aux cinq, aux douze, aux cinquante-trois dégrés précédens, on parviendra à un discernement plus étendu; & l'on trouvera des différences là où on n'en soupçonnoit pas auparavant.

Un Peintre habile voit mille passages tranchés dans un lavis qui paroît bien adouci à un Peintre mal habile.

On peut donc essayer de doubler les cinquante-trois dégrés, & d'en faire cent-cinq, c'est-à-dire, treize de noirs, ſoixante-cinq de moyens, & vingt-cinq de clairs.

Et puis doublant les moyens & les clairs, aller juſqu'à cent-vingt-neuf des moyens, & quarante-neuf des clairs ; & doublant encore les moyens, aller juſqu'à deux cent-cinquante-ſept, ce qui feroit en tout trois cens-dix-neuf degrés de clair-obſcur, pour le plus parfait lavis que la Peinture ait peut-être jamais pratiqué.

Car je doute qu'elle ait jamais été ſi loin, ni qu'elle puiſſe même y aller: mais il eſt toujours bon d'y viſer. On peut même y arriver, & j'y ſuis arrivé par une autre voye qui ne dépend pas de l'œil, & qui eſt toute du reſſort du calcul & de la Géométrie.

C'eſt encore par la voye de la Manufacture. Car ayant fait des rubans nuancés de couleurs diverses, j'en ai fait de nuancés de clair-obscur dans le même dégré de couleur, & ceux-ci sont bien plus faciles que les autres.

Pour cela, il n'y a qu'à prendre chez les Marchands, tout autant d'especes de bleux, vrais-bleux, ou de verds, ou de rouges, ou &c. qu'on en trouvera, du même degré de coloris, mais de tous les degrés possibles de clair-obscur; c'est à-dire des bleux très-foncés, de moins foncés, de moyens, de plus clairs, de très-clairs.

Plus on en aura, plus l'ouvrage en sera facile & parfait. C'est au hazard de la Teinture & du Marchand. Mais j'ai à proposer encore ici le moyen d'avoir des Teintes d'une même couleur dans une infinité de dégrés de clair-obscur.

Je l'ai éprouvé pour le bleu.

Dans ma petite cuve d'indigo préparé, j'ai mis tremper ſoixante petits écheveaux de ſoye blanchie au ſavon.

J'ai laiſſé tremper trois minutes, & j'ai retiré un écheveau, il étoit bleuâtre ſi peu que rien, cinq minutes après, j'en ai retiré un autre, il étoit un peu plus teint que le premier. Je les ai mis ſécher l'un à côté de l'autre.

Sept minutes après, j'ai tiré le troiſiéme, & l'ai mis ſécher à côté du ſecond, neuf minutes après, j'ai tiré le quatriéme, & l'ai mis après le troiſiéme. Il eſt certain que tous ces bleux étoient gradués, quand même l'œil ne me l'auroit pas dit.

En rapprochant le quatriéme du premier, on ſentoit bien qu'il étoit plus bleu, & plus bleu que le ſecond, & même plus que le troiſiéme.

Onze minutes après, je retirois le cinquiéme ; treize minutes ensuite, le sixiéme ; un quart-d'heure après, le septiéme, & ainsi de suite jusqu'au soixantiéme qui se trouvoit avoir resté deux jours & demi au moins dans la teinture, & étoit par conséquent très-noir.

Pendant la nuit, je suspendois l'opération, retirant tout ce qui trempoit dans la cuve. Cela demandoit d'autres égards que chacun peut deviner.

J'avois donc soixante bleux gradués, depuis le plus foncé jusqu'au plus clair ; & en vérité depuis le noir jusqu'au blanc, avec quoi je pouvois faire non-seulemeut un ruban de dix & de deux cens & trois cens pieds de long, chose facile ; mais ce qui est bien plus difficile, un ruban d'un pied & d'un demi pied.

J'avoue pourtant que je n'en ai rien fait, mille contre-tems m'en ayant empêché; mais avant ce tems-là, j'en avois fait de rouges avec des ſoyes priſes au hazard chez le Marchand.

J'avois pour les faire cinq ou ſix ſortes de rouges aſſez mal gradués, avec leſquels pourtant j'avois aſſez attrapé un ruban couleur de feu, un peu gris, de la longueur de cinq ou ſix pieds. Le gris venoit de la chaîne couleur de chair, qui ſervoit de fonds, & du mélange de quelques rouges vineux, de quelques couleurs de roſe, de quelques aurores même & orangés avec leſquels j'avois ſupplée aux dégrés de vrais rouges que le Marchand n'avoit pû me fournir.

Il ne faudroit pas ſoixante nuances graduées comme j'ai dit, pour réuſſir dans l'Ouvrage, & abſolument dix, douze, ou quinze me ſuffiroient.

Suppoſons-en dix bien eſpacées en bleu, l'une en bleu-noir, l'autre en bleu-blanc, une autre bleu moyen, avec des entre deux au nombre de cinq, ou ſix, ou ſept, entre ceux-là; c'eſt-à-dire entre le noir & le moyen, trois ou quatre, & autant entre le moyen & le blanc.

Quand on a cela, on n'a qu'à faire ſon calcul. Outre ces bleux, je prends du vrai noir & du vrai blanc, & pour premiere navette, je mets ſix fils noirs; pour ſeconde, cinq noirs & un bleu foncé; pour troiſiéme, quatre noirs & un bleu foncé.

Pour cinquiéme, quatre noirs & deux bleux foncés; pour ſixiéme, trois & deux; pour ſeptiéme, trois & trois; pour huitiéme, deux

& trois ; pour neuviéme, deux & quatre ; pour dixiéme, un & quatre ; onziéme, un & cinq ; douziéme, un & ſix ; treizieme, ſix bleux foncés ſans noir ; quatorziéme, ſix foncés & un moins foncé.

Quinziéme, cinq & un ; ſeiziéme, quatre & un ; dix-ſeptiéme, quatre & deux, &c. On voit de quoi il s'agit. Je pourrois donner la Table entiere du calcul. Je n'aime point à enfler les livres. Je n'aime point les détails. Je n'aime que les principes, les méthodes, les clefs des choſes. Les voilà.

Mais je dois obſerver qu'à l'aiguille on peut faire la même choſe en broderie, en tapiſſerie : qu'on peut le faire même avec la laine : ayant fait moi-même un morceau de clair-obſcur en laine, qu'on a trouvé fort parfait.

C'étoit un rouge couleur de feu, ſortant du rouge le plus foncé, & arrivant imperceptiblement au plus clair. On diroit de loin qu'on voit ſortir une flamme vive & legere, d'une fournaiſe embraſée, mais enveloppée de fumée. Le morceau n'a pas un pied de longueur; j'avois trouvé des laines graduées à ſouhait.

La Peinture au reſte ne peut rien faire de ſi parfait: rien n'étant auſſi parfait que ce qui eſt immédiatement ſoumis au calcul. Or la Peinture ne peut dépendre que de l'eſtime vague de l'œil.

Elle ne peut évaluer qu'en gros, ce qu'elle met de noir ou de blanc dans une couleur qu'elle travaille, ou qu'elle éclaircit. Et le difficile ici eſt de brunir & d'éclaircir imperceptiblement. On n'eſt jamais ſûr de ne pas mettre trop de noir

& de blanc. Seulement à force de corriger & de recorriger à tâtons, on approche grossierement.

Au lieu que mettant un fil d'un dégré plus clair sur six fils d'un dégré moins clair, on est sûr d'éclaircir précisément d'un septiéme, & ôtant ensuite un des six fils moins clairs, on éclaircit encore d'un sixiéme, cela doit s'entendre d'un sixiéme ou d'un septiéme, de la différence qui est entre les deux sortes de fils qu'on mêle.

On fait en mêlant ainsi les fils de divers degrés, ce que les Peintres font en mêlant des drogues inégalement claires : mais on le fait à son gré, & aussi doucement qu'on veut, au lieu que les Peintres mettent toujours plus ou moins de clair qu'ils ne veulent, & ne sont jamais sûrs de mettre précisément ce qu'ils veulent.

Par ce calcul aidé d'un peu de raisonnemenr & d'adresse, j'ai quelquefois suppléé à des nuances que je ne pouvois trouver chez le Marchand, & allié de fausses nuances avec des vrayes.

Par exemple, pour allier une fausse couleur avec la vraye, sans rien faire de trenchant, & dont l'œil puisse s'appercevoir, je prends un fil de cette fausse couleur, & je commence par le tordre à demi avec un fil de la vraye: cela le cache déja à moitié. Je tords ensuite ces deux fils à demi avec un autre de la vraye: puis avec un troisiéme, un quatriéme, un cinquiéme, un sixiéme: & alors mon fil faux est presque tout couvert, & ne se laisse d'abord voir qu'à travers les autres, ou par quelques petits points échappés.

J'ai

J'ai ſoin même avant que de ſerrer avec le peigne cet aſſemblage de fils, de renfoncer ſous les autres l'héterogene aux endroits où il pointe trop ; je le renfonce avec une pointe d'épingle, ou en le tirant tout ſeul, & laiſſant bouffer les autres un peu lâches.

De ſorte que ce fil allié avec ſept à huit, (car j'en mets le plus que je puis ſur lui,) ne fait ſouvent l'effet que d'un trente ou quarantiéme, ne ſe laiſſant voir que dans des points, ou par des échappées qui ne ſont pas la ſix ou ſeptiéme partie de ſa longueur.

Je fais plus, & cela m'a toujours réuſſi. Je prends deux navettes. Sur l'une je mets ce fil tranchant au milieu de ſept ou huit, & quelquefois de douze autres ; & ſur une autre navette je mets la même quantité de ceux-ci, sans y mêler l'autre : & après avoir passé la premiere une fois, je passe la seconde une, & quelquefois deux & trois, & quatre fois de suite, avant que de repasser la premiere où est le fil faux.

Je repete cette opération à cinq ou six reprises, selon que je le juge convenable : ce qui noye ce fil baroque dans la valeur de vingt ou trente, ou quarante fils qui le couvrent.

Ensuite je parviens peu à peu à passer chaque navette alternativement l'une après l'autre. Ensuite je diminue un fil de la seconde navette, & puis un & encore un, & puis un de l'autre navette où est le fil faux. J'ôte ensuite peu à peu la seconde navette : j'ôte un fil, deux fils, trois ou plus de fils de la premiere où est l'ennemi.

Peu à peu je le détords, je le

développe des autres, & je le laiſſe paroître un quart, un tiers, une moitié plus, d'abord en petits points, enſuite par petites lignes. Cela doit être bien mené de l'œil, de la main, de l'eſprit. Avec un grand ſoin j'y ai toujours réuſſi.

Mais, comme j'ai dit, cela eſt bon lorſqu'on n'a rien de mieux, bon pour tracaſſer un pauvre Inventeur, pour qui jamais les choſes ne ſe trouvent au point où il les lui faut; bon pour fonder un nouvel art, non pour le pratiquer. Des Ouvriers n'y réuſſiront jamais.

J'en ai l'expérience : de cent fois que je m'en ſuis rapporté à eux, ils n'y ont pas réuſſi une ſeule. Ils y perdroient plûtôt la tête; & encore en ont-ils ſi peu: ſans parler que d'un autre ſens, ils en ont plus que trop.

Il faut leur donner toutes choses faciles, & toutes les difficultés bien applanies. Il faut aller à la source, & apprendre aux Teinturiers à nuancer, soit en coloris, soit en clair-obscur. J'ai expliqué la façon du coloris.

Pour le clair-obscur, il y a les couleurs simples, bleu, rouge & jaune qui n'ont pas tant de difficulté, & les couleurs composées qui sont très-difficiles à cet égard.

Les couleurs simples se nuancent, en laissant tremper plus ou moins de tems dans une bonne cuve un peu forte. On pourroit l'affoiblir pour les clairs. Une cuve forte vaut mieux en prenant la façon sur le tems.

A chaud, il paroît que les couleurs légeres ne demandent que des instans, & les couleurs fortes tout au plus des heures. Il n'eſt pas ſi aiſé de gouverner le feu. Je le répete, ſi on pouvoit faire à froid des cuves de rouge & de jaune, comme on en pourroit faire en bleu, ce ſeroit le mieux.

Du reſte, comme il y a des ſoyes, des laines &c. qui prennent plus vîte la teinture les unes que les autres en tems égal, & comme il ne faut pas trop exiger de contention d'eſprit de la part des ouvriers; & qu'enfin les Teinturiers ſont de grandes cuves, & ont beaucoup de marchandiſes à teindre à la fois, voici à quoi je crois qu'ils pourroient s'en tenir.

Je ſuppoſe qu'ils ayent cinq, ſix, ſept ou huit cens écheveaux de ſoye ou de laine à teindre d'une cuvée. Après les avoir tous trempés, j'en tirerois trois ou quatre en deux, trois ou quatre ou cinq minutes.

Les deux ou trois minutes après, j'en tirerois autant (je parle des teintures à chaud;) enſuite, autant après le même tems, ou même j'en tirerois un, & puis un, & puis un, & toûjours un juſqu'au dernier, ſans rien précipiter, & ſans me piquer trop ſcrupuleuſement d'obſerver de certains interſtices.

Sur ſept ou huit cens écheveaux, on trouveroit bien de quoi faire trente ou quarante gradations de vingt ou trente dégrés bien nuancés chacune. Le hazard ſeul avec un art & une attention médiocres, donneroit des nuances bien eſpacées, ſauf à rejetter de ces gradations, les ſoyes qui prendroient des tons de clair équivoques, & qu'on vendroit à part, ou qu'on réſerveroit pour aſſortir d'autres cuvées.

Ce que je propoſe, n'a abſolument rien de fort difficile, & ne demande de la part du Teinturier, que l'intention vague de former des gradations un peu assorties.

J'en ai vû de certaines couleurs chez des Teinturiers : j'ai vû chez un fameux jusqu'à trente-six verds qui se suivoient assez par dégrés, depuis le plus clair jusqu'au plus foncé. Encore seroit-il plus aisé d'y réussir pour les couleurs simples, bleu, jaune & rouge.

Cependant on trouve peu chez ces Messieurs de rouges foncés, & encore moins de jaunes, si ce n'est des rouges & des jaunes faux & tannés, des couleurs vineuses pour les rouges; des feuilles mortes, des couleurs de terre, des verdâtres pour les jaunes.

Peut-être le rouge, vrai-rouge, ne peut-il descendre au plus foncé, comme le bleu, sans se dégrader, ou ſe tanner au moins ; & peut-être le jaune peut-il deſcendre auſſi bas même que le rouge. Il y auroit bien des choſes à dire là-deſſus. Il me manque un peu plus de connoiſſance de la pratique de la Teinture, pour oſer dire tout ce que j'en penſe.

Le difficile, ſont les couleurs mêlées, les demi-teintes, comme les divers verds, les aurores & orangés, & les divers violets. Car le cramoiſi peut avec la cochenille & la graine d'écarlatte, être traité comme une couleur pure.

Ne pourroit-on pas avec des cuves compoſées, faire des teintures compoſées ? Ne pourroit-on pas en mêlant une cuve de jaune avec une de bleu, faire immédiatament les verds d'une ſeule trempe, & ainſi des autres ? alors leur clair

clair-obſcur n'auroit rien de difficile. Je n'oſerois rien décider, voyant la pratique conſtante de tremper la ſoye blanche dans le jaune, pour faire le verd, &c.

Or il paroît difficile, pour des ouvriers ſur-tout, de gouverner les dégrés du clair-obſcur, lorſqu'ils ont à gouverner les dégrés du coloris. Cependant l'intention de faire du clair, du moyen & de l'obſcur, & du plus ou moins clair, du plus ou moins moyen, du plus ou moins obſcur, jointe avec l'adreſſe du métier, de l'expérience, de l'uſage, pourroit au hazard donner une ſi grande variété de nuances, qu'on y trouveroit des aſſortimens complets de clair-obſcur.

Peut-être que trempant dans le jaune une nuance claire-obſcure de bleu, en viendroit-il une nuance claire-obſcure de verd, & de divers verds, en s'y gouvernant avec intelligence. Les trente-ſix verds que j'ai vûs nuancés, ſemblent démontrer la poſſibilité de l'art que je propoſe. On dit qu'à Lyon, l'art de la teinture eſt fort parfait à cet égard.

Comme il y a quatre ou cinq années que j'ai donné ou fait voir des modeles de tout cela à bien des perſonnes, Teinturiers, Marchands & autres, & que pluſieurs même m'ont promis d'écrire à Lyon, d'y travailler même, ou faire travailler à Paris, j'eſpere toûjours de voir tout d'un coup éclore l'exécution d'un ſi bel art.

Rien ne ſeroit plus beau que des étoffes, des rideaux, des canapés, des habits mêmes ainſi ſçavamment nuancés, ſoit en coloris, ſoit en clair-obſcur.

Une piece d'étoffe de demi-aune de large, & de ſept à huit pieds de long que j'ai fait nuancer en rouge cramoiſi, depuis le vineux le plus foncé, juſqu'au couleur de chair le plus mourant, a paru donner dans la vûë à bien des gens, quoiqu'il y eût deux partes ou endroits tranchés par le manque des ſoyes de la couleur. Il faut eſpérer du tems, l'exécution d'une choſe ſi utile pour la décoration de l'univers, & la perfection des arts.

XVIIes. OBSERVATIONS.

Sur la réunion du Coloris & du Clair-obscur.

C'Est, je crois, par voye démonstrative, que j'ai fixé le coloris d'après la nature même, à douze dégrés précis, ni plus ni moins. Le bleu, le céladon, le verd, l'olive, le jaune, l'aurore ou le fauve, l'orangé ou le rouge-orangé, le rouge couleur de feu, le rouge cramoisi, le violet cramoisi, le violet agathe, & le bleu violant.

J'ai aussi fixé le clair-obscur à douze ou treize dégrés; mais j'ai avoué que cette fixation étoit à demi arbitraire, & plus œconomique & pour l'art, que nécessairement dictée par la nature.

Mais j'ai laissé entrevoir que j'avois des raisons tirées de la nature même, de l'expérience, de l'observation, pour me borner à ce nombre, plûtôt qu'à tout autre plus ou moins grand; mais j'ai eu besoin du coloris pour former ma démonstration, & ce n'est qu'ici que je puis la donner désormais avec ce secours, en réunissant le coloris au clair-obscur.

J'ai déja dit qu'il n'y avoit pas de dégré de coloris, qu'on ne pût monter ou descendre à un tel dégré de clair-obscur qu'on peut assigner; & qu'il n'y avoit pas de dégré de clair-obscur, qu'on ne pût affecter de tel dégré de coloris assignable à volonté.

Cela supposé, j'ai cherché le clair-obscur de chaque couleur, du bleu, du céladon, du verd,&

de toutes les autres.

Toutes ont assez volontiers monté au clair ; mais je n'ai pas eu la même facilité pour faire descendre les rouges ; & beaucoup moins les jaunes à l'obscur.

Une chose remarquable, & que j'ai peut-être déja observée, c'est que le bleu partant du plus bas dégré, est de toutes les couleurs, celle qui s'éléve le plus haut ; le blanc-pur n'étant, ce semble, qu'un dégré du bleu, mais le plus haut dégré ; & tous les dégrés du bleu conservant cet œil noble, cet air de majesté qui caractérise cette couleur tonique & fondamentale de l'art, comme de la nature.

Au lieu que le rouge descendant moins bas que le bleu, ne sçauroit monter aussi haut sans se dégrader ou s'évanouir dans le bleu même, qui prend le dessus :

& le jaune qui ne descend pas même aussi bas que le rouge, ne monte pas si haut non plus, se perdant dans le rouge qui se perd dans le bleu ou le blanc.

Or c'est en descendant comme en montant, que le jaune se perd dans le rouge d'où il dérive, & le rouge dans le bleu, comme le bleu se perd lui-même dans le noir en descendant, & dans le blanc en montant. Tout quadre ici assez bien, comme on voit.

D'où résulte cette regle de clair-obscur, que le rouge où les divers dégrés de rouge les plus foncés doivent se perdre dans le bleu, & devenir des violets très-foncés, mais violets noirâtres, plûtôt que vrais violets ; & que les jaunes foncés doivent être noyés aussi dans le rouge, noyé lui-même dans le bleu : & que ce doit être à peu près de même dans les clairs.

Cette regle eſt ſi neceſſaire, que ſans elle nous ne pourrions avoir des rouges, & beaucoup moins des jaunes foncés à l'égal du bleu.

Encore même ne peut-on les avoir abſolument auſſi foncés; puiſque ne l'étant que par ſon moyen, ils ſont toujours plus clairs que le bleu pur qui les fonce.

J'ai donc pris douze ou treize cartes, collées ſur une bande de papier l'une à côté de l'autre, & je les ai couvertes de bleu. La premiere, d'un bleu pur très-foncé; la derniere d'un bleu très-clair, vrai-blanc: & toutes les entre-deux en dégradation, du foncé au clair, par dégrés égaux, ſelon la méthode que j'ai expliquée pour le ſimple clair-obſcur, formé de noir & de blanc.

J'ai fait le même pour le céladon, pour le verd, pour l'olive, pour le jaune, pour le fauve, pour le nacarat, pour le rouge, &c. en un mot pour les douze dégrés de coloris possibles.

Il y a pourtant cette différence entre le bleu & les autres couleurs, que j'ai couvert treize cartes de bleu, & douze seulement des autres couleurs.

Encore même n'en faudroit-il pas tant pour le rouge, ni pour le jaune ; le premier rouge ne commençant à percer qu'après le second bleu foncé, & le jaune après le troisiéme ; & l'un & l'autre s'éteignant avant le dernier bleu, qui est le blanc: ce qui réduit les vrais rouges à dix, & les vrais jaunes à neuf.

On doit pourtant se souvenir que le premier bleu est le noir couleur qui differe aſſez peu du vrai-noir ; & que le dernier bleu eſt le blanc couleur, qui ne differe pas non plus ſenſiblement du vrai-blanc: ce qui réduit le bleu ſenſible à onze dégrés, le rouge à dix, & le jaune à neuf.

Cependant comme il faut dans toutes les déterminations géométriques, relatives aux ſciences & aux arts, marquer les extrémités, qui, en les bornant, les déterminent ; j'ai donné treize dégrés au bleu, & douze à toutes les autres couleurs.

Mais j'ai conſervé de mon mieux à chacune, ſon caractere & ſon œil ; de ſorte que les deux extrêmes du bleu, ſont noirs & blancs-bleuâtres. Les deux extrêmes du rouge, ſont noirs - rougeâtres, & blancs-rougeâtres; & les deux extrêmes du jaune, ſont noirs - jaunâtres d'un côté, & un blanc jaunâtre de l'autre.

On auroit beau vouloir forcer la nature, & faire douze jaunes gradués, on les feroit; mais ils ne seroient pas espacés comme ils doivent l'être: ils seroient plus resserrés que les bleux, & que les rouges mêmes.

Les violets après les bleux, sont ceux qui ont le plus d'étenduë, tenant comme le milieu entre les bleux qui les foncent, & les rouges qui les éclaircissent. Ils sont comme le berceau du rouge, ils ne paroissent que noirs-rougeâtres dans leurs plus bas dégrés, & ne sont même que cela.

Le violet le plus foncé, est un rouge noirâtre : le suivant est encore un rouge noirâtre avec un peu plus d'œil de bleu & de violet. Le troisiéme se débarrasse un peu plus du noir, & se colore d'un bleu fort rougeâtre. Ce n'est qu'au quatriéme, que le violet est bien décidé; au cinquiéme, violet sérieux; au sixiéme, c'est un beau violet moyen; le septiéme est encore un beau violet, mais plus guai, plus clair. Le huitiéme & le neuviéme plus clairs, vont au gris de lin; après quoi les quatre derniers vrais gris de lin, au moins le neuf & le dix vont se perdre dans le blanc, au onziéme, & tout-à-fait au douziéme.

Les rouges cramoisis qui sont des commencemens de violets, méritent d'être observés. Pourpres dans les foncés, mais pourpres noirâtres dans les deux ou trois premiers, ils sont vrais cramoisis, vifs & beaux dans les quatre moyens, roses, chairs, blancs dans les clairs.

Les jaunes les plus foncés, sont un couleur de terre rouge noirâtre. Les verds foncés sont fort couleur de terre noirâtre; mais non aussi rougeâtres que les jaunes. Les demi-teintes de ces couleurs, tiennent de celles dont elles sont composées, avec mesure & proportion.

La drogue la meilleure pour les jaunes foncés, est la terre d'ombre: pour les moyens, c'est l'ocre & le stil de grain, pour les clairs, l'orpin, le stil de grain encore, le jaune de Naples, le massicot. Il faut dans les noirs, très-peu de terre d'ombre sur un peu de rouge, & sur beaucoup de noir-couleur, soit bleu naturel, soit artificiel & mêlangé.

Pour les rouges, un peu d'ocre brûlé avec un peu de lacque, produit les trois ou quatre rouges les plus foncés: je dis les rouges, vraisrouges du dégré du couleur de feu. Les moyens se font avec l'ocre brûlé, le carmin & le vermillon; avec, si l'on veut, un peu de lacque & de blanc à proportion. Le vermillon en est l'ame, avec un petit mélange de lacque éclaircie de blanc. Les clairs se font de même, en augmentant tout-à-fait le blanc.

Les rouges cramoisis très-violets-noirâtres dans leur origine, se font avec noir-couleur, & un peu de lacque pure. En montant il y faut du carmin; & moitié carmin, moitié lacque, font tous les moyens & les clairs à l'aide du blanc.

Le plus foncé est noir, si peu que rien pourpré; le suivant noir-pourpré; le troisiéme pourpre noir; le quatriéme pourpre foncé; le cinquiéme faux pourpre moyen, le sixiéme pourpre guai, le septiéme cramoisi foncé, le huitiéme cramoisi vif, le neuviéme rose vive, le dixiéme rose pâle, le onziéme chair vive, le douziéme chair pâle & mourante ou morte.

Il n'y a pas de couleur dont toutes les nuances soient mieux connuës & plus faciles à nommer, que celles du cramoisi. Si je pouvois nommer ainsi tous les autres dégrés des autres couleurs, ce seroit le moyen d'ôter toutes les équivoques, & de rendre tout d'un coup parfaite, la science du coloris & du clair-obscur.

Car on a beau dire que les noms sont indifférens, ils devroient l'être; mais ils ne le peuvent, les hommes étant aussi esclaves qu'ils le sont des noms dans les sciences, dans les arts, & dans toutes les affaires de la vie.

Je ne les sçaurois blâmer de cet

esclavage : il est tout naturel, dès qu'on est forcé d'attacher les idées aux mots pour commencer. Il n'y a que des génies supérieurs qui soient capables des fortes abstractions qui spiritualisent tout-à-fait les pensées, & les détachent de leur expression sensible.

Encore même, qu'on ne s'y flatte pas, le plus souvent l'étude & l'abstraction n'aboutit qu'à détacher une pensée d'un mot, pour l'attacher à un autre mot qui se trouve quelquefois moins expressif, ou même trop expressif de quelque autre chose.

Par exemple, le célebre Newton, en détachant la lumiere & les couleurs du pressement & du tournoyement des globules cartésiens, qui expriment quelque chose d'assez intelligible, d'assez vraisemblable même en général, sinon le le tournoyement, le pressement du moins, les a attachées à des émissions inconcevables, & à des réfrangilités tout-à-fait occultes & surannées, que non seulement on ne conçoit pas, mais qu'on conçoit n'être pas, & ne pouvoir pas être.

XVIIIes. OBSERVATIONS.

Continuation du sujet précédent :

Où l'on démontre l'existence de cent-quarante-quatre ou cent-quarante-cinq couleurs possibles, ni plus, ni moins.

DE tous les Problêmes résolus ou à résoudre, qui m'ont passé sous les yeux, dans la Géométrie, dans la Physique, ou dans les autres ſciences que je puis avoir un peu cultivées, nul, je l'avouë, n'a piqué ma curioſité, comme celui que je m'étois propoſé il y a quelques années moi-même, ſur le nombre poſſible des couleurs que la nature produit, & que l'art peut imiter, entre le noir & le blanc.

Car je prends ici pour diverſes, les couleurs qui différent non ſeulement par le dégré de coloris; comme verd, jaune, rouge, violet; &c. mais encore celles qui ne different que par le dégré du clair-obſcur, & qui ont ſouvent le même nom, comme les divers bleux, les divers jaunes, &c.

Je ne parle ici au reſte, que des couleurs ſimples, ou ſimplement mélangées de deux couleurs ſimples, remettant à parler des autres un peu plus bas, ſi je m'en ſouviens.

Or je prétends que toutes ces couleurs qui different par le coloris & par le clair-obſcur, ne ſont qu'au nombre de cent-quarante-quatre, ou cent-quarante-cinq, ou cent-quarante-ſix, ſi l'on veut, tout au plus.

La raiſon en eſt bien ſimple: douze fois douze font cent-quarante-quatre. Or il y a douze dégrés de coloris, comme douze dégrés de clair-obſcur, & douze bleux, douze céladons, douze verds, font cent-quarante-quatre. Il ne faut que ſçavoir la multiplication, ou la ſimple addition même pour cela.

Qu'on parle au commun des gens, qu'on parle aux Peintres mêmes; ils vous diront, au moins pluſieurs m'ont dit, qu'il y a une infinité de couleurs, & que le nomb re en eſt innombrable: & la plûpart ont paru fort étonnés, lorſque je leur ai dit qu'il n'y avoit qu'une mere couleur, trois couleurs primitives, cinq couleurs toniques, ſept diatoniques, douze demi-teintes, & cent-quarante-quatre couleurs dérivées poſſibles en tout.

J'avois manqué moi-même la réſolution du Problême il y a quelques années, par le manque d'un autre Problême qu'on m'avoit donné mal réſolu.

C'eſt celui du nombre des tons poſſibles dans la Muſique, depuis le plus grave poſſible, juſqu'au plus aigu incluſivement.

Cette queſtion ne peut évidemment être décidée que par le moyen de l'orgue, qui de tous les inſtrumens & organes de Muſique, a ſeul l'avantage d'aller dans toute ſon étenduë, du plus bas au plus haut ton, ſinon poſſible, de ceux du moins ſur leſquels toute la Muſique roule juſqu'ici.

Mais l'affaire étoit de pénétrer dans le ſecret de l'orgue. Il faudroit conſacrer bien des années à en étudier toute la facture. Je ne connois aucun livre qui en mette bien au fait. Les Anciens n'ont connu l'orgue, que dans l'étenduë qu'elle avoit alors. Or on prétend que les Modernes l'ont beaucoup perfectionnée; & parmi les Modernes, je ne connois perſonne qui en ait écrit, ſi ce n'eſt Merſenne aſſez bien, & Kircher fort médiocrement.

Le commun des Muſiciens ignorent l'étenduë de la Muſique en général, & ne ſe piquent de connoître tout au plus, que celle de leur voix, ou de l'inſtrument dont ils jouent.

Les Organiſtes font la plûpart de la Proſe ſans le ſçavoir:ils promenent leurs mains ſur les claviers, tirent des régiſtres, produiſent des ſons clairs & bas à leur gré; ſans mettre ſouvent une fois en leur vie, leur nés dans l'intérieur d'une machine qu'ils regardent eux-mêmes comme un vrai grimoire qu'on ne déchifre qu'avec les doigts.

Ce fut ſur la parole d'un Organiſte, homme habile d'ailleurs dans ſon art, que j'avançai dans mes expériences d'Optique & d'acouſtique, il y a trois ou quatre années, qu'il y avoit vingt ou vingt-cinq octaves de ſons dans l'orgue. Je ne me ſouviens pas au juſte de ce que j'en diſois alors; mais je ſais que je n'en parlois que confuſément ſur la parole d'autrui, & ſans aucune vraye démonſtration perſonnelle.

Depuis ce tems-là, j'ai toujours eu la chose fort à cœur, sentant que je ne pouvois pas en avoir parlé avec justesse, & craignant même toujours que quelqu'un ne relevât cette proposition : heureusement c'est ici une matiere peu familiere aux Savans.

Les Facteurs qui devroient être en ceci de grands Docteurs, & qui mesurant eux-mêmes les tuyaux qui rendent les sons, qui les fabriquent, qui les comptent, qui les pesent, n'avoient garde de me contredire; puisque c'est bien d'eux qu'on peut dire qu'ils font toute cette prose-là sans la savoir.

Le vrai se laisse bientôt entrevoir, dès qu'on se met sur les bonnes voyes pour le trouver. A peine j'eus décidé pour vingt ou vingt-cinq octaves de sons possibles que j'entrevis à l'aide du calcul, que c'en étoit sûrement trop.

Je descendis à seize, & peu à peu je me rapprochai de douze. Le premier Facteur à qui je pus me faire entendre, car c'est une grande affaire, me décida pour six octaves de sons.

A force de le tourner, je le fis monter à huit, & puis à dix, & avec le tems à onze : son opiniâtreté même à ne pas branler de ce nombre onze, acheva de me déterminer à douze.

On a deux difficultés à vaincre avec ces gens de métier, l'une qu'ils ignorent en effet, & ce qu'on leur dit, & ce qu'ils doivent répondre. Je le dirai, comme je l'ai constamment observé. De tous les métiers que j'ai fréquentés pour mon instruction, plûtôt que pour des besoins réels, je n'en ai point vû de si peu au fait, que ceux de *la* Facture.

La

La facture est quelque chose de fort vaste : elle renferme seule bien d'autres métiers, & sur-tout des métiers géométriques, & de précision, dont ces têtes-là sont peu capables.

Aussi rien n'est plus embroüillé que leurs idées là-dessus ; & n'étoient leurs routines & leurs pratiques, ils ne s'en tireroient pas : ils ne s'en tirent même qu'à la longue, & en tâtonnant beaucoup, faisant & défaisant sans cesse, comme j'en ai été témoin.

Outre cela, ils sont malins, comme ils disent eux-mêmes, & dès qu'on les questionne sur leur art, ils tournent leur ignorance en finesse, croyant qu'on veut leur enlever leur secret, & presque leur gagne-pain. Ils ne veulent, ni ne sçavent, ni ne peuvent parler. On ne leur arrache quelque chose, qu'en leur faisant voir qu'on en sçait plus qu'eux ; ce qui leur aide, en même-temps qu'il les détermine à parler.

Comme les tuyaux les plus longs donnent les sons les plus bas, & les plus courts les plus aigus ; tout consiste à sçavoir de quelles grandeurs extrêmes on peut faire ces tuyaux.

La plûpart des orgues de Paris ne passent pas huit pieds de longueur : il y en a pourtant de seize, & même de trente-deux. Mais la plûpart des Facteurs prétendent que ces tuyaux de trente-deux pieds ne parlent pas. Et il est vrai qu'ils rendent plûtôt un vent sourd, ou une espece de râlement enterré, qu'un son qu'on puisse apprécier : ce qui les rend très-difficiles à accorder.

Le son consiste dans des vibrations assez vives, que le tuyau frapé par le vent des soufflets, communique à tout l'air environnant. Ces vibrations, c'est-à-dire, leur fréquence & leur promptitude, sont proportionnées à la longueur du tuyau, comme elles le sont à la longueur des cordes dans les instrumens qui en ont.

Plus les corps sont longs, moins ils sont tendus, plus ils fléchissent facilement & par grandes parties, par grandes ondulations; d'autant plus lentes du reste, qu'elles sont plus grandes.

L'air cede avec la même facilité à de grandes ondulations qui le poussent doucement, sans trop le comprimer: & n'étant point comprimé avec une certaine violence, il ne rend point de son.

Cependant un tuyau de trente-deux pieds, rend absolument parlant, un ſon. Et comme il le rend, ſoit qu'il ſoit bouché, ſoit qu'il ſoit ouvert par ſon extrêmité, au moins je le crois ainſi, il eſt vrai de dire qu'abſolument le trente-deux pieds n'eſt pas le dernier des ſons poſſibles en deſcendant; mais qu'il y a encore le tuyau de ſoixante-quatre pieds qui eſt comme la borne de l'harmonie en deſſous.

Car c'eſt un principe d'obſervation, & d'une pratique conſtante, qu'un tuyau bouché par le bout d'en bas, rend un ſon égal à celui d'un tuyau double non bouché, & qu'ainſi le tuyau de trente-deux pieds bouché, valant celui de ſoixante-quatre ouvert, ſoixante-quatre eſt abſolument poſſible, & tout au moins le plus bas des ſons poſſibles.

C'eſt encore un fait & un principe de pratique, qu'un tuyau ou une corde de ſoixante-quatre pieds, rendant un ſon *ut*, un tuyau ou une corde de trente-deux pieds, rend *ut* à l'octave, c'eſt-à-dire, plus clair du double; ce qui s'appelle une octave, parce que la gamme a huit ſons, d'un *ut* à l'autre.

De même ſeize, moitié de trente-deux, rendra encore *ut*, une octave plus haut; huit rendra *ut*, quatre rendra *ut*, &c. Il n'eſt donc queſtion que de trouver les bornes & le dernier terme ſonore de cette progreſſion ſous-double, ſoixante-quatre, trente-deux, ſeize, huit, quatre, deux, un, $\frac{1}{2}$, $\frac{1}{4}$, $\frac{1}{8}$, $\frac{1}{16}$, $\frac{1}{32}$, $\frac{1}{64}$, &c. pour avoir le nombre d'octaves, & par conſéquent le nombre de ſons poſſibles, depuis le plus grave juſqu'au plus aigu.

Or il paroît que ſoixante-quatre

étant la borne des ſons les plus bas, $\frac{1}{64}$ d'un pied pourroit bien être la borne des ſons les plus aigus, la meſure d'un pied étant une meſure moyenne qu'on a priſe, ſans doute aſſez juſte, à force d'obſervation & d'expérience, entre les deux extrémités, auxquelles nos ſens peuvent s'étendre.

L'experience & l'obſervation particuliere, ſe rapportent aux générales. La ſoixantiéme-quatriéme partie d'un pied, fait deux lignes & $\frac{1}{4}$. Il paroît difficile de faire un tuyau plus petit que celui-là.

Il l'eſt même déja bien, d'aller ſi bas ou ſi haut. Cependant un petit noyau de ceriſe, vuidé de ſon amande, & percé d'un petit trou, ne laiſſe pas de rendre un ſon, étant ſiflé avec quelque effort. J'ai fait comme parler avec beaucoup d'efſort de poitrine, un ſiflet d'une bonne ligne de longueur.

Majs le noyau de ceriſe & le ſiflet dont je parle, n'étant ouverts que d'un côté,& bouchés de l'autre, cela revient aux deux lignes & $\frac{1}{4}$, & à la ſoixante-quatriéme partie d'un pied. Encore leur ſon eſt-il comme celui d'un ſoixante-quatre pieds, un bruit ſourd, un vent un peu preſſé, un bruit indecis plûtôt qu'un ſon, & beaucoup moins un ton, c'eſt-à-dire, un ſon capable d'entrer dans l'harmonie.

Comptons donc nos tuyaux depuis celui de ſoixante-quatre, juſqu'à celui de $\frac{1}{64}$. Il y en a ſix audeſſus, & autant au-deſſous d'un pied; ce qui fait treize en tout, & par conſéquent douze octaves. Car l'octave eſt renfermée entre deux nombres: c'eſt l'intervalle.

Or treize tuyaux, ne laissent que douze intervalles.

Ce qui fait donc douze fois douze octaves, & en tout cent quarante-quatre tuyaux, & autant de sons; ou même cent quarante-cinq en comptant le dernier, qui commenceroit la treiziéme octave, si elle étoit possible.

Je ne dis pas qu'absolument elle ne puisse l'être, & qu'il n'y ait des sons possibles à Dieu, au-dessus de $\frac{1}{64}$, & au-dessous de soixante-quatre.

Je parle du sensible, & par rapport à nous, à nos sens, à nos facultés. Il paroît impossible que nous pratiquions des tuyaux de plus de soixante-quatre pieds; puisque nous nous bornons à trente-deux, & même communément à seize.

Et il paroît tout au moins aussi

difficile, d'en faire de plus courts que de deux ou trois lignes, puisqu'autant que je l'ai pû recueillir du jargon des Facteurs; le *larigot* qu'ils disent le plus haut, a, je crois, quatre ou cinq lignes, ou même davantage. Dans les affaires de pratique, on ne va jamais aussi loin qu'on peut absolument aller.

XIXes. OBSERVATIONS.

Continuation du même sujet :

Analogie du nombre des sons avec celui des couleurs possibles.

Singularité remarquable des couleurs.

IL y a, je le repete, un son primitif & fondamental, appellé *ut*, qui donne le ton à tous les autres, par lequel ils commencent & finissent tous. Il y a une couleur mere & la base de toutes les autres : c'est le bleu ou le noir couleur, prenant la place du noir simplement noir, d'où tout part.

Le premier son *ut* en enfante deux autres, *sol* & *mi*, qui, avec lui, forment l'essentiel de la musique, l'harmonie primitive &

ſondamentale, *ut*, *mi*, *ſol*. Il y a de même trois couleurs primitives, *bleu*, *jaune & rouge*.

Il y a cinq ſons toniques, *ut*, *re*, *mi*, *ſol*, *la*, & deux ſemitoniques naturels, *fa* & *ſi*, formant tous enſemble la gamme diatonique, *ut*, *re*, *mi*, *fa*, *ſol*, *la*, *ſi*, *ut*. Il y a de même cinq couleurs toniques, & deux ſemitoniques, formant la ſuite des couleurs, bleu, verd, jaune, aurore, rouge, violet, violant, & bleu.

Enfin il y a douze demi-teintes de couleurs; douze dégrés de coloris, formant une nuance ſuivie, & un cercle parfait, bleu, celadon, verd, verd-olive, jaune, &c. comme il y a dans le ſyſtême non moins circulaire des ſons, douze dégrés ſemitoniques, qu'on a traités de *chromatiques*, c'eſt-à-dire, de coloris, de nuances, depuis plus de deux mille ans, avant que de connoître leur parallelisme analogique, avec lesdits douze dégrés de couleurs.

En Géometrie lorsqu'on a quatre termes, dont trois sont proportionnels, le quatriéme ne peut se refuser à la proportion dans laquelle il se trouve enveloppé.

Deux choses constituent le son, la diversité du son & celle du grave & de l'aigu. Deux choses constituent les couleurs, la diversité du coloris & celle du clair-obscur.

Or la diversité des tons répond juste, comme on voit, à celle du coloris: & d'ailleurs cette analogie est incontestable: le ton est à la couleur, comme le grave-aigu est au clair-obscur; puisque le grave répond au sombre, & l'aigu au clair.

Donc le nombre des tons étant égal au nombre des couleurs, le nombre des dégrés du clair-obſcur eſt égal au nombre des dégrés du grave aigu : & il y a douze dégrés de clair-obſcur, comme il y a douze dégrés de coloris ; & par conſéquent, en tout, il y a cent quarante-quatre dégrés de couleurs nuancées avec harmonie, comme il y a cent quarante-quatre dégrés de tons ou de ſons harmonieux.

Cependant comme le ſon eſt le ſon, & que la couleur eſt la couleur ; & que deux lignes paralleles ne ſont pas une même ligne unique, la couleur dans ſon parallelisme le plus éxact, conſerve toujours ſa nature propre, ſa différence ſpécifique d'avec le ſon.

Cela ne détruit aucune idée géometrique, applicable au ſujet preſent. L'infini eſt à l'infini, en ſaine Géometrie, comme le fini eſt au fini : la ſurface eſt à la ſurface, comme la ligne eſt à la ligne; & la ſurface n'eſt pourtant pas la ligne, & l'infini n'eſt pas le fini.

Mais entre infinis, mêmes proprietés qu'entre finis ; entre ſurfaces, entre corps, mêmes proprietés qu'entre lignes.

Le propre du ſon eſt de paſſer, de fuir, d'être immuablement attaché au temps, & dépendant du mouvement. On ne peut le fixer: il eſt toujours l'ouvrage de l'art, & d'un art actuellement exiſtant, operant, réduit en pratique. L'aile du temps emporte le ſon, qui n'a d'autre vehicule, ni d'autre ſujet.

La couleur aſſujettie au lieu, eſt fixe & permanente comme lui. Elle brille dans le repos, ſur une toile, ſur une fleur, ſur un corps en un mot.

Toutes les proprietés, quelque paralleles qu'elles ſoient aux ſons, le ſont dans le repos, lors même qu'on les aſſujettir au mouvement. Car on peut rendre une couleur mobile; mais mobile avec le corps qui l'aſſujettit, & toujours en repos dans ce corps ou ſur ce corps.

On peut donner une certaine fixité, une certaine permanence au ſon, faiſant durer le ſon d'un tuyau d'orgue autant qu'on veut. Mais dans cette eſpece de repos, le tems l'emporte toujours, & c'eſt un ſon renouvellé à chaque inſtant: au lieu qu'une couleur qui couvre une toile, eſt toujours, je crois, la même couleur.

De cette fixité locale & matérielle de la couleur, & de la volatilité comme ſpirituelle du ſon, réſulte une différence, qui, depuis douze ou treize années, tient mon esprit en suspens, sur la perfection de l'analogie, que j'ai depuis tout ce temps-là, établie entre la couleur & le son.

Je craignois toujours de voir cette analogie ruinée par-là : car tout ce qui m'est venu d'objections d'ailleurs, ne m'a jamais ébranlé d'un moment : mais voici l'objection que pendant douze ans j'ai toujours craint qu'on ne me fît, & que je n'ai jamais osé me faire, parce que quoiqu'un trait de différence ne puisse pas en effacer deux mille de ressemblance, je voulois m'être bien calmé moi-même, avant que de réveiller personne sur ce point délicat.

Le son a, comme la couleur, son coloris & son clair-obscur. Le ton de *ut* n'est pas le ton de *re*, de *mi*, de *sol*, &c. Outre cette différence spécifique, il y a celle du du grave & de l'aigu ; double différence, qui répond fort bien à celle du coloris, & à celle du clair-obſcur.

Mais entre la couleur & le ſon à cet égard, il y a cette différence ſinguliere, que les deux différences ſont réunies dans le ſon, n'étant pas poſſible de faire des ſons graves & aigus qui ne ſoient pas des tons : au lieu que le coloris & le clair-obſcur ſont deux choſes qu'on peut réunir, il eſt vrai, mais qu'on peut ſéparer très-réellement, & qu'on ſépare par des mélanges de noir & de blanc, qui n'ont point d'autre couleur.

La difficulté n'eſt pas petite : on m'en a fait beaucoup, ſur ou contre l'analogie que j'ai toujours établie entre la couleur & le ſon. Heureuſement perſonne ne m'a fait celle-ci. On la fera tant qu'on voudra désormais, la voilà indiquée ou moins; je sçai qu'on peut la pousser très-loin. J'y exhorte même.

Ici il me suffit de remarquer que si la couleur peut se détacher du clair-obscur, en sorte qu'on mette tous les dégrés de coloris au même ton de clair-obscur, & si au contraire toute diversité de tons entraîne dans le son une diversité essentielle de grave & d'aigu, cela vient de la nature fugitive du son, & de la nature fixe & locale de la couleur qu'on manie à son gré, au lieu que le son échappe, & ne se laisse point manier. Ce qui se réduit à dire, que le son est le son, & que la couleur est la couleur. Plus on approfondira la chose, plus on trouvera que c'est cela, & que ce n'est que cela.

Mais de-là il résulte un phénomene extrêmement digne d'être remarqué. L'octave des sons, par exemple de *ut* grave à *ut* plus aigu, est un intervalle, comme de un à deux, dans lequel se placent avec assez de facilité les onze ou douze demi-tons, l'*ut dieze*, le *re*, *re* ✱, &c. qui vont toujours en montant, en s'éclaircissant.

L'intervalle d'un dégré de clair-obscur à l'autre, est sensible, surtout dans les moyens, & même dans les clairs; mais il n'est point trop sensible, & si l'on vouloit diviser cet intervalle par douze demi-teintes de simple clair-obscur, on auroit bien de la peine, puisqu'on en a déja beaucoup aux douze dégrés pleins, qui sont douze fois plus grands que ceux-là.

Toutes reflexions faites, après mille & mille observations, il me semble que la différence d'un dégré de clair-obſcur à celui qui le ſuit, n'eſt pas plus grande, c'eſt-à-dire, plus ſenſible que n'eſt celle d'un dégré de coloris, à celui qui vient après, par exemple, du bleu au celadon, du céladon au verd.

Cependant, qu'on le remarque bien, il y a douze fois plus de diſtance entre deux dégrés de clair-obſcur, qu'entre deux dégrés voiſins de coloris. Je le repete, l'œil n'a pas plus de peine à diſcerner l'un que l'autre, & le même jugement de l'œil décide de l'un & de l'autre, ou je ne m'y connois pas.

Cela eſt ſi vraï, que quand on veut accorder le coloris avec le clair-obſcur, c'eſt-à-dire, faire une ſuite de douze couleurs, *bleu, celadon, verd, olive, jaune, &c.* qui finiſſe par un bleu, moitié plus clair que le premier, temperant si bien l'éclaircissement de ces couleurs successives, qu'elles arrivent imperceptiblement à ce dernier bleu plus clair, on ne peut y réussir, qu'en se proposant de tenir toutes ces couleurs deux à deux, ou trois à trois de suite, au même dégré de clair ou d'obscur.

Car j'ai l'expérience constante, & mille fois repetée, par moi & par toute autre, que si on se proposoit le moins du monde de rendre le céladon plus clair que le bleu, le verd plus que le céladon, l'olive plus que le verd, &c. on arriveroit, en commençant par le bleu le plus foncé, au bleu le plus clair, ou du moins, après un peu d'usage, à un bleu plus clair de quatre ou cinq dégrés; ou, pour parler tout-à-fait musique, plus clair de quatre ou cinq octaves.

Ceci ſemble confirmer que le coloris eſt quelque choſe de très-different du mélange de l'ombre & de la lumiere, & qu'il eſt accompagné d'un mouvement tonique, different dans les différentes couleurs.

Je ne diſſimulerai pas au reſte, quoique j'euſſe d'abord deſſein de le faire, que les ſons de la muſique ſe détachent, après tout, du grave aigu ; le même ton, le *re*, le *ſol*, & tout autre pouvant être ou grave ou aigu plus ou moins. Et j'ajoute que la couleur ne ſe détache pas ſi fort du clair-obſcur, que toute couleur réelle n'ait toujours ſon dégré actuel de clair ou d'obſcur.

Toute la différence ſe réduit donc à ce que la couleur ne pouvant ſe détacher du clair-obſcur, le clair obſcur peut ſe détacher de la couleur; les divers gris composés de ſimple noir & de blanc, n'étant qu'un clair-obſcur ſans couleur.

Au lieu qu'il ſemble que le grave aigu tient eſſentiellement au ton, tout ſon étant un ton. Le bruit cependant paſſe pour n'être pas un ton, c'eſt-à-dire, un ſon harmonieux & muſical, quoiqu'il ſoit un ſon: & alors on diroit qu'il y a des bruits clairs & des bruits graves & obſcurs.

On pouſſeroit l'analogie plus loin, en obſervant que comme le noir, le blanc, & le gris ſont l'aſſemblage de toutes les couleurs, le bruit pourroit bien n'être que l'aſſemblage de toutes ſortes de ſons ou de tons.

Car comme on définit le blanc une confuſion de couleurs, ne pourroit-on pas définir le bruit une confuſion de ſons.

Je ne voudrois pas néanmoins affirmer que tout ce qu'on appelle bruit, ne puisse pas entrer dans la classe des sons harmonieux, & qu'on ne puisse diapasonner des bruits graves & aigus, comme on diapasonne les sons ordinaires.

Ces sons ordinaires mêmes, ne sont-ce pas des confusions d'autres sons ? J'ai prouvé ailleurs qu'il n'y a point de son simple qui n'en contienne plusieurs ; & que le son d'une corde est l'assemblage des sons de chaque partie de la corde, comme le son de notre voix est composé des sons du gozier, de la langue, du palais, des joues, du nez, des dents, de chaque dent, de chaque partie de chacune de ces parties.

J'ai remarqué que dans l'orgue chaque son est souvent l'assemblage de plusieurs sons rendus en même me-temps par plusieurs tuyaux. Lorsque ces tuyaux sont bien d'accord comme ils le sont dans l'orgue, c'est un son moëlleux, plein, harmonieux.

On pourroit dire que le bruit n'est que la discordance de plusieurs sons réunis ; mais mal unis. Mais cela ne dit mot : des sons discords mal unis ensemble, rendent un bruit aigre, tant qu'on voudra. On peut diapasonner des sons aigres, & en former une fort douce harmonie. Le son du clavecin est toujours aigre. Avec des chaudrons diapasonnés, on peut exécuter la plus belle musique.

En un mot, je ne voudrois pas dire qu'il y eût de bruit qui ne fût pas un son, un ton même. Au lieu que le blanc, le noir & le gris ne sont point des couleurs, des tons de couleurs, & ne peuvent entrer dans les couleurs, que pour les éclaircir ou les obſcurcir. Il y a là quelque choſe qui n'a pas été expliqué, ni même obſervé, & qui mérite bien de l'être déſormais. Toute cette matiere des couleurs, eſt plus neuve qu'on ne penſe ; & je finis par où j'ai commencé, que ce n'eſt ici qu'une très-petite parcelle des découvertes immenſes, que j'y entrevois en réſerve pour les ſiécles à venir, quoiqu'en diſent les partiſans trop dociles de l'incomparable M. Newton.

Non omnia poſſumus omnes.

XXes. OBSERVATIONS.

Application à la pratique:

Plan d'un Cabinet univerſel de coloris & de clair-obſcur.

APrès avoir formé douze bandes en clair-obſcur de tous les dégrés de coloris, de bleu, de celadon, de verd, &c. ſur des cartes ſéparées, collées à côté l'une de l'autre ſur des bandes de papier; on peut ſur une bande unique égale en longueur à toutes celles-là, mettre toutes ces cartes de ſuite, par ordre de coloris & de clair-obſcur, de la maniere qui ſuit.

Je prends la carte du bleu le

plus foncé, je la détache de ſa bande, & je la colle ſur la grande bande, où je veux les tranſporter toutes. Je prends enſuite le celadon le plus foncé, & le détachant auſſi de ſa bande, je le colle ſur la grande, à côté du bleu.

Je colle de même le verd le plus foncé à côté du celadon, l'olive foncé à côté du verd, le jaune foncé à côté de l'olive, & tout de ſuite le fauve, le nacarat, le rouge, le cramoiſi, le violet, l'agathe, le violant, les plus foncés. Cela forme un premier dégré de coloris, ou une octave de couleurs très-foncées.

Je recommence, & je colle de ſuite les ſecondes cartes des bandes particulieres, le bleu, le celadon, le verd, l'olive, &c. ce qui forme une ſeconde octave.

Je continue à mettre dans le même ordre, bleu, celadon, &c. tous les douze troisiémes de chaque bande; ensuite les douze quatriémes, les douze cinquiémes, &c. jusqu'aux derniers les plus clairs; le tout finissant par le bleu-blanc, ou blanc pur, qui est le treiziéme de la bande des bleux.

Et cela forme une grande bande universelle en coloris, & en clair-obscur, composée de cent quarante-quatre, ou cent-quarante-cinq dégrés de couleurs simples & pures, dont le nombre ne peut être ni moindre, ni plus grand dans les ouvrages de l'art, non plus que dans ceux de la nature.

Comme cette bande formée de cent quarante-cinq cartes consécutives, fait une bande trop longue, & où l'œil se perd; on peut réduire la largeur des cartes à la moitié, au tiers, au quart.

Car une carte ayant à peu près deux pouces de largeur, lorſqu'elle eſt collée un peu librement ſur une bande de papier, ou de toile, ou de taffetas, ou ſur un ruban, cent quarante-cinq cartes dans le ſens de leur largeur, font une bande de vingt-quatre pieds.

Il y a des cas où l'on en voudroit de plus longues; communément je les réduis à une longueur de quatre ou cinq pieds, en coupant chaque carte en ſept ou huit bandes étroites, de deux ou trois lignes de large. Pour l'inſtruction dont il s'agit ici, je les ſuppoſe de cette largeur.

Rien n'eſt plus beau à l'œil que cette double nuance de coloris & de clair-obſcur, où l'on voit d'un coup d'œil la lumiere, comme ſortir des ténebres, par toutes les teintes des couleurs dégradées, qu'on ne ſçauroit diſtinguer avec cette netteté & cette évidence dans un fer qui rougit au feu, & où elle doit ſe former indubitablement, lorſque l'embraſement en eſt gouverné avec intelligence.

Quand je dis que rien n'eſt plus beau que cette nuance de coloris clair-obſcur univerſel, je ſuppoſe qu'elle eſt bien, & qu'on y a mis la derniere main.

On accorde un clavecin d'abord par octaves, enſuite par quintes, par tierces, & enfin par tons & demi tons; c'eſt-à-dire, qu'après l'avoir accordé par de grands intervalles, & comme par clair-obſcur, on finit par l'accorder diatoniquement, c'eſt-à-dire, *re* avec *ut*, *mi* avec *re*, &c. faiſant ſonner de ſuite, *ut*, *re*, *mi*, *fa*, *ſol*, *la*, *ſi*, *ut*, ou même, *ut*, *ut*✱, *re*, *re*✱, *mi*, &c.

La nature eſt une, & l'art doit l'être auſſi. Après avoir formé les douze bandes de clair-obſcur en bleu, en celadon, en verd, &c. ce qui eſt un accord par octaves; je les tranſporte ſur une ſeule bande, de la maniere que je le dis ici, pour achever de les accorder par tons & demi-tons, c'eſt-à-dire, par teintes & demi-teintes.

Car il peut très-bien arriver qu'un clavecin accordé par octaves, & par grands intervalles, ſe trouve tout diſcord ſous un doigt qui va de *ut* à *re*, à *mi*, à *fa*, &c. Et de même, mes douze bandes accordées ſéparément, peuvent, dans l'entrelaſſement & la ſuite pittoreſque que je viens de leur donner, ſe trouver toutes diſcordantes, & par le coloris, & par le clair-obſcur.

Le celadon qui ſuit le bleu,

pouvant être trop verd ou trop bleu, ou même moins clair que ce bleu. Car il faut 1°. que chaque couleur tienne le milieu juste en coloris, entre celle qui la precede en dessous, & celle qui la suit en dessus. 2°. Que l'éclaircissement augmente toujours, mais imperceptiblement d'une carte à l'autre, évitant sur-tout que la suivante ne soit pas plus sombre que celle qui la precede.

Regle generale sur ce dernier point : il faut que deux à deux, ou trois à trois, les couleurs consécutives & collaterales, paroissent de même dégré de clair, & uniquement different par le coloris. Il faut donc corriger tout ce qui a trop de saillie, ou qui détonne en clair ou en obscur ; aussi bien qu'en coloris.

Quand on a monté un clavecin par octaves & par quintes,

c'eſt une regle de pratique & de *temperament*, comme on l'appelle, d'affoiblir les quintes, & même de fortifier un peu les tierces, ou plûtôt, d'affoiblir les ſixtes, & même les ſeptiémes.

Dans la formation de mes bandes coloriées en clair-obſcur, j'ai toujours trouvé une extrême difficulté à temperer les jaunes & les rouges, ou plûtôt les violets: & je m'y ſuis fait depuis cinq ou ſix ans une regle, dont j'ai toujours ſenti la néceſſité.

Cette regle eſt de brunir un peu les jaunes, & d'éclaircir les rouges, & ſur-tout les violets; l'œil ſe portant naturellement à des jaunes-clairs, & à des violets obſcurs.

L'uſage pratique de ces bandes colorées, ſoit ſéparées, ſoit miſes en une ſeule, comme je viens de le faire, eſt de former une eſpece de cabinet chromatique, où en renfermant toutes ſortes de couleurs, on eſt en état d'évaluer le dégré, ſoit de coloris, ſoit de clair-obſcur, de toutes celles que la nature préſente, & que l'art peut imiter, & d'y trouver même cet art de les imiter.

Car dès que ce cabinet ſera complet, & qu'on y aura renfermé tous les dégrés poſſibles, ſoit de coloris, ſoit de clair-obſcur, avec une étiquette qui marque la compoſition de chaque couleur, quelque couleur qui ſe préſente, on n'a qu'à la rapporter à la claſſe, au genre, à l'eſpece à laquelle l'œil indiquera de la rapporter; & dès qu'on aura trouvé ſa pareille, on pourra par l'étiquette de celle-ci, décider le dégré de celle-là, ſa nature, ſa valeur, & ſa façon même, & les dégrés & rapports des couleurs dont elle eſt, & doit être compoſée.

Mais juſqu'ici le cabinet n'eſt pas complet, & il y manque tous les dégrés des couleurs compoſées de trois couleurs, qui ſont les plus ordinaires dans la nature. Le nombre en paroît infini, comme de tout ce qui n'a jamais été ſoumis au calcul géometrique; mais il ne l'eſt pas, ni près de-là.

Il eſt pourtant vrai, qu'il va beaucoup plus loin que celui des couleurs ſimples. Mais comme je n'en ai point fait toutes les épreuves, je me contenterai d'en indiquer une eſtime generale, qui ne peut pas s'éloigner beaucoup d'une évaluation préciſe, & qui ſervira du moins à la faire.

D'abord ne faiſant attention qu'au coloris, ſans aucune diverſité de clair-obſcur, il faut obſerver que de nos douze dégrés de coloris, il n'y en a que neuf qui ſoient ſuſceptibles d'altération, par le mélange d'une troiſiéme couleur.

Car les trois couleurs pures, bleu, jaune & rouge, ne ſont pas dans le cas. Qu'on les ajoute deux à deux, elles formeront une des neuf autres nuances, & la troiſiéme venant par-deſſus, n'y fera que ce qu'elle feroit ſur la pareille de ces neuf.

Or les neuf ſont de trois eſpeces, les violets au nombre de quatre, formés par un mélange de rouge & de bleu, ne s'alterent que par un mélange de jaune : les verds au nombre de trois, formés par le bleu & le jaune, s'alterent par le rouge : & les orangés au nombre de deux, ſe dégradent par le bleu.

Je ne tiens compte ici que des altérations ſenſibles dont on compte les dégrés, ou tout au moins les demi dégrés : & dès qu'une couleur domine beaucoup les deux autres, ou que deux dominent beaucoup la troiſiéme, je regarde l'altération comme nulle.

Prenons pour exemple le verd, vrai verd, compoſé de parties égales de bleu & de jaune, par exemple, de deux parties de bleu & de deux de jaune, & mêlons-y une partie de rouge ; ce ſera un verd rougeâtre, ſenſiblement different du vrai verd.

Deux parties de rouge l'altérent encore ſenſiblement : alors c'eſt de toutes les couleurs la plus indéciſe, & un vrai gris, ſi le mélange étoit parfait, parce que les trois couleurs ſont en égales doſes.

Trois parties de rouge ſur quatre de verd, ne ſont plus un verd rougeâtre, mais un rouge verdâtre, parce que le rouge domine chacune des deux autres couleurs.

La nuance devient pourtant fort indécise entre le violet & l'orangé, & l'on peut le dire rouge-violet, & rouge-orangé; parce que trois parties de rouge sur deux de bleu, font le violet, & trois de rouge sur deux de jaune, font l'orangé.

Quatre de rouge sur quatre de verd, font un rouge encore moins verdâtre. Cinq de rouge chassent presque le verd; six, sept, huit au moins, le chassent tout-à-fait. De sorte qu'il y a tout au plus, huit nuances de verd alteré par le rouge, dont même les deux ou trois derniers, se confondent assez avec le cramoisi.

Car le jaune perfectionne le rouge, vrai rouge : mais le bleu le corrige & le remonte au cramoisi.

C'est pourtant beaucoup, que

huit nuances de verds rougeâtres ou de rouges verdâtres. Car les dégradant ensuite par le clair-obscur, au nombre de douze dégrés, on a huit fois douze, c'est-à-dire, quatre-vingt-seize verds rougeâtres, ou rouges verdâtres, moitié de ceux-ci, moitié de ceux-là.

Les deux nuances de verds, l'une celadon, l'autre olive, en fournissent encore à l'aide du rouge; mais point tant chacune, à cause de l'inégalité de dose des deux couleurs qui les composent.

Car le celadon étant trois parties de bleu sur une de jaune, si on y ajoute une de rouge, voilà le jaune tout d'un coup contrebalancé, & il en résulte un violet tout aussi-bien qu'un verd, un verd rougeâtre, ou un violet jaunâtre.

Deux parties de rouge ensuite sur

ſur quatre de céladon, font un vrai violet jaunâtre : car le vrai violet eſt trois parties de bleu ſur deux de rouge. Et l'on voit par-là comment pluſieurs de ces nuances mixtes, rentrent les unes dans les autres ; la nuance étant la même, ſoit qu'on mêle quatre parties de céladon avec deux de rouge, ou une de jaune ſur cinq de violet.

Trois parties de rouge ſur quatre de céladon, font un vrai violet bleuâtre, alteré par une partie de jaune.

De ſorte que le céladon fournit à peine quatre nuances mixtes bien décidées ; ce qui joint cependant aux douze de clair-obſcur, en fait quarante-huit.

L'olive qui eſt une partie de bleu ſur trois de jaune, n'en fournit pas davantage par la même raiſon : ce qui fait quatre-vingt-ſeize avec celles du céladon. Et les trois verds ſont en tout deux cens moins huit nuances. Mettons-en deux cent juſte.

Les orangés, c'eſt-à-dire, l'aurore & le vrai orangé, peuvent bien, par le mélange du bleu, en fournir leur centaine; mais les violets au nombre de quatre, le cramoiſi, le violet, l'agathe, & le violant, peuvent bien en fournir encore deux cens : ce qui fait cinq cens couleurs mixtes en tout.

Obſervez que le cramoiſi & le violant en fourniſſent très-peu par leur mélange avec le jaune, parce que le cramoiſi n'eſt qu'une partie de bleu ſur quatre de rouge, & le violant une de rouge ſur quatre de bleu : ce qui fait d'abord rentrer le cramoiſi alteré, dans la claſſe des orangés & des rouges, & le violant dans celle des verds.

XXIes. OBSERVATIONS.

Suite du même sujet :

Perfection du Cabinet des Couleurs.

NOus avons déja près de six cens cinquante dégrés de couleurs, dont les échantillons arrangés avec méthode par classes, par nuances, par genres, & par especes, & sous especes, peuvent former une tapisserie aussi agréable à la vûë, que sçavante & agréable à l'esprit : car chacun de ces échantillons portant son étiquette, c'est-à dire, son nom, son dégré de coloris & de clair-obscur; & la dose des drogues dont elle est le résultat, on peut par la confrontation d'une couleur donnée par la nature ou par l'art, la définir, & même l'imiter fort juste, n'y ayant pas au monde de couleur qui s'écarte de ces six cens cinquante, d'un quart de teinte.

Mais on peut aller plus loin, & réduire les différences au demi-quart, au demi-demi-quart, & beaucoup plus bas, si l'on veut, & cela par deux endroits.

Quoique la nature n'ait au fonds que trois couleurs primitives, bleu, jaune & rouge; douze dégrés de coloris, bleu, céladon, verd, &c. & enfin douze dégrés de clair-obscur décidés, avec cinq ou six cens couleurs mixtes, son art va pourtant beaucoup plus loin.

Non-seulement elle mêle les trois couleurs; mais elle mêle aussi leurs mélanges, & les mélanges des mélanges. Je m'explique.

Qu'avec les trois couleurs bleu,

jaune, rouge, je faſſe des verds, des orangés, des violets ; & qu'enſuite je mêle les orangés avec les verds, les verds avec les violets : ce n'eſt jamais que mêler les trois couleurs primitives. Et ce mélange eſt une vraye confuſion.

La nature mêle & confond les choſes, quand elle le juge à propos, pour faire des couleurs ſimples : mais pour des couleurs compoſées, elle ne fait le plus ſouvent que combiner les mélanges ſans les confondre, ſans confondre les couleurs primitives dont ils ſont formés.

C'eſt à-dire, qu'elle entremêle des parties vertes avec des parties violettes, ſans mêler le bleu qui fait le verd, avec le bleu qui fait le violet, ni le jaune de l'un avec le rouge de l'autre. Le verd reſte verd, le violet reſte violet. Seulement ils ſont entrelaſſés d'aſſez près l'un dans l'autre.

Qui doute que cela ne faſſe un œil de couleur tout different ? Et que ce ne ſoit cet œil, ce goût de couleur que la Peinture ne peut ſans doute jamais attraper ?

Le vermillon, me diſoit quelqu'un, ne peut s'attraper qu'avec du vermillon. C'eſt que je lui diſois que le vermillon n'étoit dans ſon fonds de coloris, qu'un peu de jaune ſur beaucoup de rouge : & il me défioit, avec tous les jaunes & les rouges du monde, d'imiter le vrai vermillon. Il avoit raiſon ; mais je ne crois pas que j'euſſe tort.

Le coloris dont je parle, dépend d'une certaine contexture de parties, que les Peintres ne ſçauroient imiter par de ſimples mélanges confus de corps liquides, broyés indiſtinctement les uns avec les autres.

Voici pourtant une obſervation qui peut avoir ſon utilité dans la Peinture, en même temps qu'elle confirme & explique ce que je dis ici.

Comme je ne ſuis pas Peintre, & que je manie les couleurs par fantaiſie & aſſez mal, il m'eſt ſouvent arrivé de broyer des couleurs, d'en faire des mélanges, & de les laiſſer enſuite ſécher à demi, ſe racornir, ſe durcir ſur une palette, ou dans une coquille.

Je ne perds rien, j'éprouve tout; j'ignorois même d'abord que ces couleurs ne fuſſent bonnes qu'à jetter: d'habiles Peintres me l'ont appris trop tard.

J'ai donc remanié pluſieurs fois ces couleurs ſeches, racornies, durcies, avec de l'huile, avec du vernis, &c. jusqu'à les broyer de nouveau dans un mortier, lorsqu'elles avoient été empâtées avec du vernis.

Or quand j'ai ainsi mêlé des couleurs, qui avoient déja pris de la consistence dans de premiers mélanges, il s'en est bien fallu que les seconds mélanges ne me donnassent le même dégré de coloris, que des mélanges frais m'auroient donné.

Un verd fait de bleu & de jaune a ses molecules, les unes bleues, les autres jaunes; mais un verd séché & repaitri a ses molecules vertes; c'est-à-dire, que les molecules bleües & jaunes, forment des molecules comme simples & indivisibles.

Or la Peinture, pour imiter la nature, qui fait quelque chose d'approchant, ne peut-elle pas se pré-

valoir

valoir de l'expérience que je rapporte, & se servir avec art de couleurs racornies, séchées, durcies à dessein ? Et cette maniere, ou de nouvelles expériences peuvent rendre habiles, n'introduit-elle pas de nouveaux dégrés de couleurs, qui enrichissent l'art & la science du coloris ?

Les tapisseries, les manufactures d'étoffes, la broderie, sont très-propres à nous donner ces dégrés de couleurs, résultantes d'un mélange de mélange, comme à l'infini.

Dans la Peinture dans la Teinture, les couleurs se mêlent trop intimement, & de trop près. Leurs mélanges ne peuvent donner que des couleurs trop simples, trop douces, trop fades. N'appelle-t'on pas des *couleurs heurtées* celles, dont je parle ?

Un fil de ſoye, encore moins de laine, mêlé avec d'autres fils d'autres couleurs, ne ſe confond, ne ſe fond jamais avec eux, & forme des traits de couleurs à la façon du *Rhimbrans*.

Il me ſemble qu'il y a telle occaſion, où pour faire du verd dans une tapiſſerie, il faut ſe ſervir de fil verd, & telle où il ſeroit mieux de ſe ſervir de fils bleux entremêlés de fils jaunes. Cela fait au moins deux verds tout differents. Et c'en ſeroit encore une troiſiéme eſpece, ſi on mêloit des fils verds avec des jaunes & des bleux.

Pour former le cabinet en queſtion, il vaudroit mieux ſe ſervir de couleurs en tiſſu de ſoye, n'étant pas facile d'étiquetter & de doſer des mélanges de couleurs de Peinture, & d'en compter les dégrés: au lieu qu'on compte fort bien tant de fils d'une, &c.

Un avantage des fils de ſoye, c'eſt qu'on peut pouſſer les dégrés fort au-delà du demi-ton, & juſqu'au plus imperceptible : témoin le ruban en arc-en-ciel, & ceux en clair-obſcur dont j'ai parlé.

Mes premieres opérations en ce genre, avoient été des morceaux d'étoffe en quarré, de la longueur d'une carte à peu près. Chaque morceau avoit ſon dégré de coloris & de clair.

Il y avoit plus de trente morceaux de chaque dégré de coloris, trente bleux, trente celadons, trente verds, trente olives, trente jaunes, &c.

Les trente morceaux étoient en dégradation imperceptible du foncé au clair, mais non du plus foncé au plus clair, & on auroit pû fort bien pouſſer juſqu'à quarante ou cinquante. Il n'y avoir le plus souvent qu'un fil de différence de l'un à l'autre.

On pourroit exécuter tout cela beaucoup mieux, avec le secours d'une teinture qui ébaucheroit elle-même la dégradation. Et l'on feroit alors un cabinet qui charmeroit l'œil & l'esprit ; l'œil, par la parfaite entente du coloris & du clair-obscur ; l'esprit, par la connoissance qu'il y prendroit de l'un & de l'autre.

On ne se borneroit pas au reste à faire trente, ou quarante, ou cinquante dégrés de clair-obscur, dans chacun des douze dégrés de coloris. On feroit aussi trente, ou quarante, ou cinquante dégrés de coloris, par les quarts & les demi-quarts de teintes.

Car je l'ai déja dit, on peut interposer une couleur moyenne entre le bleu & le celadon, une entre le celadon & le verd, &c. ce qui feroit douze nouveaux dégrés, & en tout vingt-quatre: & l'on pourroit bien aller jusqu'à quarante-huit. Cela seroit parfait, en poussant au même dégré le clair-obscur.

Quarante-huit fois quarante-huit font deux mille trois cens quatre: c'est déja dequoi faire la tapisserie d'un cabinet: & puis les couleurs, mêlées, & mêlées de mélanges en garniroient bien un second. Un cabinet sçavant & curieux n'est pas borné, pour le nombre des pieces.

Avec un peu d'entente; il y a ici de quoi garnir, cinq, six, dix, douce pieces, s'il le faut, avec cet avantage que ceci ne tient point de place, & peut tenir lieu d'une belle tapisserie, &

de garniture de fauteuils, de canapés, de portieres, de rideaux mêmes & de couvertures de lit.

Or il ne faut pas croire, que tout consiste à nuancer simplement les couleurs & le clair-obscur, dans l'ordre des bandes de cent quarante-quatre dont j'ai parlé.

Dans une chambre ce seront des couleurs nuancées; dans une autre elles seront tranchées, ici par teintes, là par demi-teintes, ailleurs par quarts & demi-quarts.

Comme ce doit être ici une école complette de coloris & de clair-obscur, il faut y mettre ces deux parties, soit séparées, soit réunies dans tous les points de vûë, & sous tous les aspects sous lesquels je les ai présentées dans tout cet ouvrage.

Un des principaux usages dudit cabinet, est de déterminer le dégré, le ton de coloris & de clair-obſcur, de toutes les drogues & autres choſes colorées.

Par exemple, de ſçavoir que le bleu de Pruſſe eſt du premier ou plus bas dégré de coloris & de clair-obſcur ; que la lacque eſt un rouge cramoiſi, qui va même au violet, en s'éclairciſſant avec du blanc, parce que le blanc eſt bleuâtre : que la bonne lacque, c'eſt-à-dire, la foncée, eſt du ſecond ou troiſiéme dégré d'obſcur.

Que le rouge brun eſt entre rouge & orangé, & a beſoin d'un peu de lacque pour être vrai rouge : que ſon dégré de clair-obſcur eſt entre le quatre & le cinquiéme.

Que le Carmin eſt du ſixiéme dégré de clair, & d'un dégré de coloris entre le rouge & le cramoiſi ; ayant beſoin d'un peu de vert millon pour faire le vrai couleur de feu.

Que le vermillon un peu nacarat, a besoin de carmin ou de lacque pour le même effet ; & que son dégré de clair est au septiéme dégré, en commençant toujours à compter, par le plus foncé.

Je ne prétends rien déterminer ici exactement : ce ne sont que des *instar* que je donne, & des à peu près.

Or ce que je fais là pour les couleurs de Peinture, on peut le faire pour les choses naturelles, & définir le dégré, par exemple, du bleu céleste, de la couleur d'eau, du verd de pré, du verd de montagne, du verd de printems, du verd de Flandres, du verd d'Italie, du verd d'émeraude, du verd d'arc-en-ciel, du verd de perroquet, du verd canard, du verd de mer, du verd celadon, &c.

Par exemple, en fait de rouges, le rubis, le ponceau, le cerise, le rose, le chair, le pourpre, l'amaranthe, le cramoisi, & tous les dégrés précis, trouvent ici leur balance, & l'on pourra les définir, les évaluer, les calculer, & en sçavoir au plus juste la composition & la décomposition précise : & ce sera le même de toutes les couleurs de la nature & de l'art.

Je crois ces analyses des couleurs un peu plus utiles pour la Peinture, & pour les arts chromatiques, que celles qu'on fait des rayons du soleil avec un Prisme, & que toutes ces déterminations d'angles & de réfrangibilités philosophiques, ou plûtôt, purement géometriques & spéculatives.

Cependant comme l'esprit le plus solide, après avoir satisfait son amour naturel pour le vrai, ne laisse pas d'aimer à repaître un peu sa curiosité de toutes ces spéculations, hypotheses, conjectures ingénieuses & amusantes, qui occupent un peu trop sérieusement les Philosophes.

Je prévois, en finissant ce morceau, que je ne pourrai me dispenser de donner à cette chromatique, une seconde partie philosophique, où il me sera permis de me livrer un peu à mon tour à la conjecture & à l'hypothese, sur les pas des Descartes & des Newtons.

Du reste je suivrai encore dans cette seconde Partie, la méthode libre & aisée de traiter ces curiosités à la façon de M. Newton, par des Problêmes & des Questions, qui n'auront d'autre enchaînement, que celui d'aller au même but.

J'avertis que la ſuite de cet Ouvrage que j'annonce ſous le nom de *Chromatique ou Optique des Couleurs, conjecturale & philoſophique*, pourra former un même corps d'ouvrage avec cette premiere Partie; mais qu'elle pourra former auſſi un petit ouvrage pareil à part, dont celui-ci eſt très indépendant.

SECONDE PARTIE.

MEMOIRES POUR L'OPTIQUE PHYSIQUE DES COULEURS.

AVERTISSEMENT.

LE *Plan complet de cet Ouvrage comprenoit d'abord trois Parties, dont la ſeconde devoit être la Partie Philoſophique, ſous le nom d'Optique Phyſique des Couleurs. Deſcartes n'offroit rien de raiſonnable ſur l'article. Neuton faiſoit pis : il étoit à la mode, & l'on doit reſpecter les préjugés publics.*

*Les Obſervations de M. D. *** viennent enfin de lever cet obſtacle, vrai* remora *de la ſaine Phyſique, & il ſera permis de penſer déſormais. En attendant on donne ici ces Obſervations, conſtatées & confirmées par d'autres Obſervations, déja* *imprimées dans les Mémoires pour l'Histoire des Sciences & des beaux Arts. Elles serviront ici de Mémoires pour la Physique des Couleurs. On y joint un Mémoire Physico-Mathematique, imprimé il y a vingt ans, afin de reprendre en quelque sorte, le fil du raisonnement Philosophique, presque rompu depuis ce temps là.*

ARTICLE

ARTICLE LXXXIII. des Mémoires de Trevoux Septembre 1739.

*LETTRE DE M.*** AU R.P. Castel.*

A Paris ce 4. Juillet 1739.

MON REVEREND PERE,

Il y a long-tems que je pense, qu'il n'y a que trois couleurs primitives dans la nature; mais il y a long-tems que vous l'avez dit. Quelques Physiciens avoient senti cette vérité; mais vous l'avez démontrée. Vos profondes recherches sur les couleurs, dont le Public va goûter les fruits, vous en aſſurent la gloire ; votre Optique Chromatique, prête à éclore, ſera ſans doute un préſent bien agréable à la peinture, & aux Arts qui deſcendent d'elle.

Mais comment concilier la réduction des couleurs de la peinture à trois primitives, avec la pluralité des couleurs enfantées par le priſme ? La nature produit ſans doute des effets ſemblables, par un principe uniforme. Il y a quelque tems qu'un Phyſicien illuſtre entreprit cette conciliation. Je n'entrerai point dans le détail de la controverſe née à ce ſujet, & rapportée dans les feuilles périodiques du *Pour & Contre.* Je prends une route différente, & je m'en tiens à une expérience très-ſimple, qui me donne lieu de croire, que le trait de lumiere blanche rompuë à travers le priſme, ne donne que quatre rayons colorés *primitifs*, c'eſt-à-dire, qui ſortent enſemble du priſme, & dont les mélanges produiſent les autres. Je ne reconnois d'ailleurs, que trois couleurs *primitives* dans les quatre rayons.

Je laiſſe les Sçavans diſcuter à leur gré les Expériences du célebre Newton. Je ne prétends compoſer aucune couleur du mélange des deux rayons tirés de deux priſmes differens. Je compte bien qu'elle pourroit être décompoſée. Mais c'eſt en même-tems un point fondamental de l'Optique de Newton, & une vérité conſtante, qu'aucune des couleurs ſorties du même priſme ne ſe décompoſe : que l'*Orangé*, que l'*Indigo*, que le *Verd* nez d'un premier priſme, ſubſiſtent ſans mutation, étant réfractez par un ſecond. Je pars de ce premier fait; ſans en conclure que ces couleurs ſoient *ſimples* , ni *primitives*. Je les crois formées chacune de deux rayons , & c'eſt peut-être un ſecond fait.

* Newton ne reconnoit , que *cinq couleurs ordinaires* au *priſme* , le *Rouge* , le *Jaune* , le *Verd* , le *Bleu* , & le *Violet*. Il les a conſidérées comme rayons *primitifs*, je ne m'éloigne pas beaucoup de lui : car, je ne lui conteſte que le *Verd* , & je ſuppoſe d'ailleurs ſon hipotheze ſur les couleurs , ſans l'adopter. En préſentant le priſme au trait de lumiére , on le tourne ordinairement de maniére qu'il donne toutes ſes couleurs , afin de les examiner quand elles ſont

*Optique p. 128 , & 135. de la traduction Françoiſe.

toutes formées ; pour moi, je tiens le prisme de maniére qu'il donne le moins de couleurs, que je lui en puisse trouver, à l'effet d'éxaminer la formation des autres.

L'on se sert quelquefois de prismes dont la base triangulaire est très-petite ; ou si l'on employe un grand prisme, l'on ne laisse passer à travers qu'un petit filet de lumiere, introduit dans la chambre obscure. Les quatre rayons *primitifs* qui sont le *Rouge*, le *Jaune*, le *Bleu*, le *Violet* se trouvent alors pressés l'un contre l'autre au sortir du prisme ; & il arrive souvent que par le mélange du rayon *jaune* avec le rayon *bleu*, la nature forme le rayon *verd*; comme pour induire le Physicien en erreur, en lui faisant prendre cette couleur, pour un cinquiéme rayon *primitif*.

Il n'en ſera pas de même, ſi vous prenez un priſme de grande baſe, & même équilatéral, à l'effet qu'il n'y ait point de face qui, manquant de largeur, rétréciſſe le *ſpectre*. En tournant un peu le priſme; en dedans ou en dehors, vous trouverez facilement une inclinaiſon, dans laquelle le ſpectre reçu au ſortir du priſme, & à peu de diſtance, ſur un papier ou carton blanc, ſera formé de quatre bandes diſtinctes de couleurs, deux d'un côté & deux de l'autre, qui borderont les deux grands côtés de ſon parallelogramme, c'eſt vers la pointe du priſme, où la lumiére fait un moindre trajet en ſe réfractant, que paſſeront les bandes *rouge* & *jaune*, & c'eſt la baſe du priſme où la lumiére fait un plus grand trajet en ſe réfractant, que paſſeront les bandes *violette* & *bleue*; le *jaune* & le *bleu* sont en dedans; mais le milieu du parallelograme du *spectre* est occupé par une lumiere blanche indivisée, quoique réfractée, & sans couleurs, ce qui ne m'étonne point, attendu qu'elle ne confine point avec l'ombre. Les couleurs prismatiques, quoiqu'en dise Newton, ne semblent se former que dans les confins de la lumiére & de l'ombre & une lumiére plus foible fait l'office de l'ombre auprès d'une lumiére plus forte.

Voilà un spectre pris sans *verd*, & si vous y trouvez quelques traces légeres de *verd*, ainsi que d'autres couleurs; en les éxaminant de près vous reconnoîtrez aisément qu'elles sont accidentelles, & occasionnées par quelques ondes, irrégularités, rayeures, ou tache de la face du prisme. Vous pouvez cependant y compoſer à l'inſtant le *verd* naturel du *ſpectre*, & cru *primitif*. Inclinez un peu plus la face du priſme d'un côté ou de l'autre; la largeur du *ſpectre* ſe rétrécira, & le *verd* priſmatique naîtra de la confuſion du *jaune* & du *bleu*. D'ailleurs ſans changer l'inclinaiſon du priſme en recevant le ſpectre à une certaine diſtance, la ſeule divergence des rayons colorez ſuffira pour rapprocher les deux bandes, qui ont paſſé par la pointe du priſme, & les deux bandes qui ont paſſé par la baſe, & le mélange ſenſible du rayon *jaune* & du rayon *bleu*, vous donnera un *verd*, compoſé ſous vos yeux & qui néanmoins ſoutiendra conſtamment l'épreuve de la réfraction à travers un ſecond priſme ſans ſe décompoſer. Quand vous aurez fait cette expérience

exactement

exactement, l'on aura bien de la peine à vous persuader que ce *verd* soit venu directement du Soleil.

Il n'est point hors de propos d'observer en passant, que la lumiére blanche du *spectre* reçu près du prisme, renferme elle seule toutes les couleurs. Interceptez avec une carte dans la chambre obscure les deux bandes colorées d'un même côté ; la lumiére blanche qui confinera alors avec l'ombre de la carte, remplacera ces couleurs dans un spectre entier reçu plus loin. Interceptez les quatre bandes colorées avec un carton percé à jour, & qui ne laisse passer que de la lumiére blanche toute seule, elle les remplacera toutes dans le spectre qu'elle formera au-de-là ; elle fera même plus, car si le spectre est assez rétréci, la confusion du *jaune* & du *bleu* donnera du *verd*.

Au surplus ne nous en tenons pas au prisme ; consultons la nature par l'organe du verre à facettes couvert d'un trait de lumiere introduit dans la chambre obscure. C'est le même Phénoméne. Chaque spectre tombant sur le plancher aura deux bandes colorées d'un côté & deux de l'autre ; le milieu sera rempli d'une lumiere, qui ne sera point devenuë couleur en se réfractant, & le *verd* n'y entrera que par mélange.

Je pourrois vous proposer encore, M. T. R. P. de faire l'expérience dont il s'agit avec un verre convexe masqué, c'est-à-dire, couvert d'un papier épais, ou d'un carton qui ne laisse passer la lumiere qu'à travers un cercle ajouré ; le ſpectre eſt alors embelli des couleurs de l'Arc-en-ciel. Mais je me réduis à vous propoſer l'expérience la plus ſimple, & peut-être la plus déciſive.

Sans chercher le côté du Soleil, regardez à travers un priſme le chaſſis de votre fenêtre, ou plûtôt les carreaux de ce chaſſis, qui ne peuvent vous laiſſer appercevoir que le Firmament ; car les couleurs des objets terreſtres pourroient ſe mêler avec les véritables couleurs du ſpectre ; vous ne verrez jamais que le *rouge*, le *jaune*, le *bleu*, & le *violet*, le long des barreaux parallelles, qui ſervent à ſéparer les carreaux, ſçavoir le *rouge* & le *jaune* d'un côté, le *bleu* & le *violet* de l'autre, ſans aucun mélange ni ſoupçon de *verd*, à moins qu'il n'y ſoit introduit par quelque cause étrangere très-facile à reconnoître, ou qu'en tournant le prisme vous ne rapprochiez le *jaune* & le *bleu* l'un de l'autre. Je n'ai voulu, comme vous le voyez, entrer dans aucun examen des Expériences de Newton, & quelque respect que j'aye pour ce grand homme, je n'ai garde d'entreprendre cet examen. Ma paresse & ma raison me disent également qu'il faudroit beaucoup de temps & de lumiéres. Je me réserve seulement d'examiner de la meilleure foi du monde celles que l'on pourra m'opposer.

Cependant en parcourant son Optique, * ce qui est plus court que de l'étudier, je viens d'y trouver mon expérience; mais compliquée, & bien éloignée de la

* Page 185.

ſimplicité avec laquelle elle s'offroit à mes yeux, & à laquelle je tâcherai de la ramener. Je ne tiendrai ici aucun compte de l'*Orangé*, de l'*Indigo*, ni de leurs differentes nuances, qui ne peuvent guéres ſubſiſter comme rayons *primitifs* ſi le *verd* même eſt dégradé.

Selon Newton les couleurs, qui accompagnent la lumiére blanche du ſpectre ſont, d'un côté le *violet*, l'*indigo*, le *bleu*, & un *verd foible*; & de l'autre en ſuivant l'ordre des couleurs, le *blanc*, le *jaune pâle*, l'*orangé* & le *rouge*. Il avoue que ce verd foible n'eſt formé que par *l'excès des rayons producteurs* du *jaune*, qui jauniſſent la lumiére blanche, & qui ſe mêlent avec le *bleu*. Ce *verd foible* n'eſt donc point en cet endroit un rayon *primitif*, & ce que Newton appelle encore le *blanc*, n'eſt donc plus un blanc véritable, mais ſeulement une nuance claire du *jaune*, puiſque le jaune très-expanſible a dû le teindre en le traverſant pour arriver au *bleu*.

Telles ſont les couleurs dont Newton nous peint le *ſpectre* reçu avant *le point* où les rayons ſe rencontrent, & où le blanc s'évanouit. Au-delà de ce point *le verd eſt plus chargé qu'auparavant*. Cela doit être ainſi tout naturellement, puiſqu'au-de là le *jaune* eſt pur ainſi que le *bleu*, au lieu qu'en deça, leurs extrémités ſe noyoient dans une lumiére blanche & dominante. Au ſurplus, je ne pourrois convenir, que toute la lumiére blanche qui ſépare les couleurs latérales du *ſpectre*, fût impregnée de *jaune*; mais ce qui peut reſter de cette lumiére entre le bleu & le jaune, doit être *jauni* dès que le *jaune* atteint le *bleu.* Telle est donc la composition naturelle du *verd prismatique*, dont les rayons *bleu* & *jaune* semblent être les seuls *producteurs*, sans qu'il soit besoin d'avoir recours à aucun rayon *primitivement verd.*

J'ajoûte en finissant, mon très-Révérend Pere, que le jaune & le bleu étant effectivement séparés l'un de l'autre, si l'extrémité de l'un ou de l'autre verdit, cet effet est produit par quelque iris accidentelle, qui ne survient point quand le Ciel est clair & sans vapeurs, & quand le prisme est net & sans défaut. Mais lorsque ces deux couleurs vous sembleront pures & distinctes, si vous appliquez une carte sur une partie de la face du prisme qui reçoit la lumiére, ou de celle qui la laisse sortir, & que le bord de la carte coupe cette face obliquement, de maniére que le ſpectre coloré reçu à peu de diſtance du priſme, ne ſoit plus un parallelogramme, mais un trapeze, le bleu qui ſe formera le long de l'ombre de votre carte ne verdira que dans l'angle aigu, où il ſe confondra avec le jaune, ces deux couleurs reſtant ſéparées au milieu du ſpectre.

Nous voilà réduits à 4 rayons *primitifs*, ſi mon obſervation eſt juſte; le *rouge*, le *jaune*, le *bleu* & le *violet* qui naiſſent enſemble du priſme; mais il ne faut regarder le priſme que comme un inſtrument à couleurs. S'il a un rayon *primitif* de couleur *violete*, il ne s'en ſuit pas pour cela que la couleur *violete* ſoit une couleur primitive. Nous ne pouvons d'ailleurs regarder le *violet* comme un *bleu condenſé*; la peinture, ſi je ne me trompe, fait du *violet*, avec du *bleu* & du *rouge* : c'eſt à vous d'en décider, mon très-Révérend Pere, vous qui poſſédez ſi parfaitement la Théorie & l'harmonie des couleurs. Pour moi en examinant les 4 rayons primitifs du ſpectre priſmatique, j'ai toujours incliné à croire, que le *rouge* étoit animé par quelque teinte de *jaune*, & que le *violet* étoit un *rouge* éteint par une forte teinte du *bleu*, qui ſemble l'inonder. Tout nous ramene à votre ſyſtême des trois *couleurs primitives*. Voilà ce que je penſe. Oſerois-je, mon très-Révérend Pere, vous inviter à répeter l'expérience ſimple & facile ſur laquelle je me fonde, à l'effet de me tirer d'erreur, ſi j'y ſuis tombé. Je m'en rapporterai bien volontiers à votre exactitude.

J'ai l'honneur d'être, &c.

*REPONSE DU P. CASTEL à la Lettre de M. de *** datée du 2 de Juillet 1739 & inserée dans les Mémoires de Trevoux Septembre 1739. Art. 83 p. 1935.*

VOus me flattez obligeamment, Monsieur, dans votre lettre, de la découverte des trois couleurs primitives, *bleu*, *rouge*, *jaune*, que d'autres ont essayé de me ravir; sans doute parce que je ne me la suis jamais attribuée moi même ouvertement, & sans quelque espéce de correctif: ayant bonnement cité Kircher, Felibien, la pratique des Teinturiers, celle même des Peintres, en preuves de la science & de l'art chromatiques, que j'avois annoncés, dès l'année 1725.

Rien de nouveau, c'eſt-à-dire de tout-à-fait nouveau ſous le Soleil, je le ſçai, & je le repete ſouvent pour cauſe. Lors donc qu'on veut critiquer une nouvelle invention, on a toujours beau jeu : n'y en ayant aucune, qui ne ſoit comme un fruit ſemé de longue main, & dont les premiers traits n'ayent préexiſté longtems avant ſa récolte. Car une découverte, une grande découverte, celle d'une ſcience, celle d'un art nouveau, eſt une récolte, une moiſſon. Ceux qui la traitent de création, plus Grammairiens que Philoſophes, ignorent que tout s'achete dans ce monde au prix du plus pénible travail, & que cet arrêt divin *in ſudore vultûs tui* &c. regarde la culture de l'eſprit, autant ou plus que celle de la terre.

Ainſi, comme l'honneur m'a

toujours paru préférable à la gloire, l'un étant de devoir rigoureux, l'autre de conseil seulement ; dès qu'il se présente quelque nouveauté, qui peut dans le public prendre un air de découverte, je regarde autour de moi, & je tâche à reconnoître d'où part le trait de lumiére qui a rayonné dans mon esprit, sur ce nouvel objet de mon attention : & je n'ai ensuite rien de plus pressé que de le déclarer, quelque abus que je prévoye qu'on en doive faire, pour chicaner mon plus légitime travail.

Voici pourtant, puisqu'on m'arrache un mot d'apologie, voici une régle de critique qui me paroît trancher toutes les discussions. Malgré ce que Kircher & d'autres avoient dit des trois couleurs en passant, & malgré ce que les Peintres & les Teinturiers en avoient pratiqué à loisir, les Peintres & les Teinturiers sçavoient-ils il y a 15 ans, sçavent-ils même bien aujourd'hui qu'il n'y a que 3 meres couleurs? Et le Public & les Sçavans & les Physiciens, & les Géometres le sçavoient-ils, & le sçavent-ils? Une découverte est un microscope qui rend visibles mille objets qu'on avoit sous les yeux, & qu'on croit avoir toujours vûs, parce qu'on voit nettement qu'on les avoit sous les yeux. Mais pourquoi, si ce n'est pas une vérité toute neuve, profonde même, un Sçavant aussi profond, un Inventeur aussi subtil, un Physicien aussi experimenté, un Observateur aussi fin, un Calculateur aussi scrupuleux, un Geometre aussi rigide & aussi precis que Newton, le grand Newton, pourquoi & comment a-t-il pû s'y tromper solemnellement, & avec cet appareil & ce fracas qui impose aux sages, & tient tout l'univers dans l'admiration & presque dans l'esclavage de son *spectre* essentiellement brillant de 7 couleurs, ni plus, ni moins? Sept est plus que le double de trois: & si la difficulté de la chose ne servoit d'excuse à Mr. Newton même, qui dans le fond n'étoit ni peintre, ni coloriste, ne seroit-ce pas là pour le calculateur le plus médiocre, un mécompte bien exorbitant?

On me dispute la découverte des trois couleurs. Mais on ne m'en a pas disputé le travail. Je le dis à ma confusion, & en preuve de mon peu de sçavoir faire. Depuis 15 ans je lute inutilement seul contre le torrent de la séduction la plus autentique & la plus universelle; ne comptant jusqu'à vous, qu'un Sçavant ou deux qui ayent fait l'honneur en dernier lieu à mes trois couleurs, de les adopter juridiquement ; quoiqu'encore d'une maniere peu assortie, & plus contradictoire que favorable à la mienne, & au fonds même de la chose : maniere toute Newtoniene fondée sur les évolutions ordinaires du prisme, & sur la décomposition chimérique de ce *spectre* essentiellement *heptiforme*, qui a pris le dessus, & subjugué tous les esprits, en éblouissant tous les yeux.

Selon ma Methode de ne fonder la physique ni sur l'hypothese arbitraire, ni sur l'expérience personnelle & particuliere, mais uniquement sur l'histoire & sur l'observation générale de la nature & de l'art, j'avois établi mes trois couleurs principes *bleu*, *rouge*,

& jaune, ſur les obſervations & les pratiques conſtantes des Peintres & des Teinturiers, Artiſtes journaliers, & juges naturels des couleurs. C'en étoit bien aſſez, & le ſuccès juſtifie pleinement ma methode.

Je me défiois du priſme & de ſon *ſpectre* fantaſtique. Je le regardois comme un art enchanteur; comme un miroir infidele de la nature, plus propre par ſon brillant à donner l'eſſor à l'imagination, & à ſervir l'erreur, qu'à nourrir ſolidement l'eſprit, & à tirer du puits profond l'obſcure verité. Effectivement le priſme eſt aujourd'hui une curioſité, un amuſement, une mode; & je ne le vois, Monſieur, que dans vos mains, à la veille de devenir une Ecole.

Je le regardois avec terreur, comme un écueil ſignalé par le naufrage

naufrage d'un vaiſſeau fameux, ſuivi de mille Vaiſſeaux, qui venoient à l'envi partager ſon déſaſtre, en recueillant ſes débris. Je le regardois avec reſpect, comme le propre champ de Bataille de Mr. Newton, & par la haute opinion que j'avois d'un chef ſi aguerri, je le ſuppoſois (Mrs. les Newtoniens me pardonneront cette hypotheſe) invincible ſur ſon terrain; n'ignorant pas cette maxime de guerre, de ne jamais combattre au gré de ſon ennemi; c'eſt-à-dire ni au jour, ni à l'heure, ni dans le champ, ni preſqu'avec les armes qu'il a jugé à propos de ſaiſir le premier. Dans un maître, on retrouve facilement un vainqueur.

Meſſieurs les Carteſiens me permettront de leur faire obſerver, qu'ils accordent communément trop à ce redoutable adverſaire, qui ſçait bien s'aſſûrer l'iſſue d'un combat dont on lui abandonne les préliminaires. Il faut, j'oſe enfin le dire, il faut tout nier à Newton, ou lui accorder tout. Autrement avec un Geometre de cette force, le principe entraîne toujours invariablement la conſéquence. Je le démontre. Si les conſéquences de Newton ſont fauſſes, les principes ne peuvent être vrais. Car qui oſeroit dire que le milieu, le raiſonnement archi-geometrique qui lie ces deux extrêmes, eſt faux?

Pardonnez moi, Monſieur, vous m'avez fait trembler, vous le ſçavez, lorſque je vous ai vû attaquer Newton ſur ſon terrain, dans ſon fort, & avec ſes armes. C'eſt, outre ce courage, votre modeſtie extrême que je connois, qui m'inſpiroit cette puſillanimité. *Je n'ai voulu comme vous voyez*, me dites vous dans votre lettre page 363, *entrer dans aucun examen des experiences de Nevvton*, & à la page 363 vous ajoutez ; *Je ne m'éloigne pas beaucoup de lui car je ne lui conteſte que ſon verd, & je ſuppoſe d'ailleurs ſon hypotheſe ſur les couleurs, ſans l'adopter:*

Quoi, Monſieur, vous conteſtez quelque choſe à Newton, & vous ne lui conteſtez pas tout ? Vous vous éloignez de lui, & vous ne vous en éloignez pas tout à fait ? Vous n'adoptez pas ſon hypotheſe ſur les couleurs, & vous voulez pourtant bien la ſuppoſer. *Ma pareſſe* (ajoutez-vous pag. 363) *& ma raiſon me diſent également qu'il faudroit beaucoup de temps & de lumieres.* Ce n'eſt pas votre raiſon, c'eſt l'excès de votre réſerve ordinaire qui vous parle mal de vos lumieres; le tems peut d'ailleurs vous manquer, j'en conviens. Pour votre pareſſe, je ne ſçai qu'en dire, ſi ce n'eſt qu'elle me feroit bien plus trembler pour tout autre que vous, qui effleureroit de la ſorte le Prince de la Geometrie moderne; c'eſt-à-dire, qui l'attaqueroit ſi rudement, & le ménageroit avec tant de retenue.

Sçavez-vous, Monſieur, que la maniere philoſophique de ce très-ſçavant Geometre, extrêmement favorable à la pareſſe de l'eſprit, en eſt extrêmement favoriſée à ſon tour; & qu'il eſt toujours ſur du triomphe avec ceux qui, moins Geometres que lui (choſe plus qu'ordinaire) veulent bien ſuppoſer qu'il a raiſonné géometriquement pour eux. Epuisé par la force même de ce raisonnement géométrique, il a communément dispensé ses sectateurs éblouis par là, en se dispensant lui-même de courir après les secrets ressors des choses, après les causes primitives, après les premiers principes.

Il s'arrête toujours, c'est un fait connu, aux phenoménes, les retourne, les constate, les enrichit de mille phenoménes paralleles, recherchés, curieux, merveilleux, qu'il érige tout de suite en causes & en principes; la réfraction en réfrangibilité, la couleur en colorabilité, la rougeur en rubrification, la gravité en gravitation, le central en centripete, l'acceleré en acceleratif, la tendance en attraction, & ici nommément, le *spectre* en réalité.

Je me rassûre cependant, sur la bonté éprouvée des armes que vous me fournissez. Votre modestie a beau vous les arracher des mains. Vous venez à mon secours, je dois voler au vôtre. Le premier coup est porté, vous avez engagé le combat, vous avez rompu l'enchantement & dissipé le *spectre* magique. Vous faites plus, vous lui ôtez son théatre, vous l'étouffez dans son berceau. Vous l'avez surpris comme à sa toilette, & vous lui avez enlevé la céruse, le plâtre & tout ce masque de couleurs composantes, que Mr. Newton avoit voulu trop tard lui arracher. Vous l'avez *pris sans verd*, dites-vous, avec encore plus de justesse que d'agrément.

C'est dommage que vous n'ayez pû le prendre sans violet; couleur aussi composée de rouge & de bleu, que le verd l'est de bleu & de jaune. J'en parle cependant avec indifférence, & plus pour completer votre découverte, que pour le besoin de la mienne, qui n'a jamais eu rien à démêler avec le prisme, au moins de ma part. Du reste votre décomposition seule du verd, rend le violet assez suspect, & entraîne sans ressource l'hypothese Newtonienne, dont vous allez être étonné vous même de voir qu'il ne sçauroit rester pierre sur pierre; tant elle est liée & systematique dans tout son détail, & digne d'un genie aussi fort & aussi conséquent, que celui du Geometre profond qui l'a formée.

J'étois un peu préparé par mes précédentes recherches, pour sentir l'énergie & la conséquence d'une observation comme la vôtre. Depuis trois ou quatre mois que vous m'avez fait l'honneur de me la communiquer, je n'ai cessé de fouiller dans cette mine féconde, j'ai accéleré les travaux, j'ai suivi les veines, & j'ai tâché de les épuiser à l'aide du fil geometrique, qui lie & *systematise* bien plus volontiers les verités que les erreurs.

Comme j'aime assez à me replier sur les objets de mon attention, ma premiere ou ma seconde démarche dans cette carriere, a été un sentiment de surprise & d'étonnement, dont j'ai bien de la peine à revenir : que le Prisme au sortir des mains de Mr. Newton & de toute l'Europe, pût être encore & fût réellement un moyen tout neuf d'expérience & d'observation. Eh ! qui n'auroit cru ce Prisme, retourné de tous les sens possibles, envisagé dans tous les points de vûe, & totalement épuisé par tant & de si habiles mains ? Eh ! qui auroit prévû que toutes ces expériences dont l'univers est ébloui, se reduiroient à une où deux tout au plus, & à un seul point de vûe, au plus trivial même, parmi cent autres points de vûe où on peut prendre le Prisme, & parmi des milliers d'expériences & d'observations, plus profondes même, qu'on peut en faire.

Jamais Mr. Newton n'a eu que son *spectre* coloré, pour objet. C'est le premier que le Prisme présente aux yeux les moins philosophes. Ceux qui ont manié le prisme après lui, ne l'ont manié que d'après lui. Ils ont mis toute leur gloire à attrapper le point précis de ses expériences, & à es copier avec une fidelité plei ne de ſuperſtition. Comment auroient-ils trouvé autre choſe que ce qu'il avoit trouvé ? Ils ne cherchoient que ce qu'il avoit cherché. Euſſent-ils trouvé autre choſe ? Ils n'auroient oſé s'en vanter : Ils s'en ſeroient fait un ſujet de honte, & de reproches ſecrets. Il en avoit coûté de ſa réputation au celebre Mr. Mariotte, qui étoit pourtant un habile homme, pour avoir oſé où ſçu manquer la chemin battu. Fut-il jamais ſervitude plus fatale au progrès des ſciences & des arts ?

Mr. Newton eût-il trouvé le vrai, le vrai eſt immenſe, on auroit tort de s'y borner. Par malheur, ſur une premiere erreur il n'a fait qu'entaſſer des erreurs ſans nombre. Car voila l'inconvenient de la géometrie & de la juſteſſe du raiſonnement, de rendre l'erreur féconde & systematique. L'erreur d'un ignorant ou d'un sot, n'est qu'une erreur : encore n'est-elle de lui, que par adoption. Ce n'est pas moi qui accuserai Mr. Newton de mauvaise foi, d'autres diroient qu'il a pris à tâche de se tromper & de nous séduire.

D'abord séduit lui-même par le *spectre* prismatique, il n'a cherché qu'à l'embellir après s'y être uniquement attaché. Qu'il l'eût mesuré, calculé, combiné en geometre, il n'y auroit rien à dire. Chacun est maître de speculer comme il veut, ce qu'il veut. Mais il en a voulu décider en physicien, en définir la nature, en assigner l'origine ; encore en étoit-il bien le maître. C'est le Prisme qui est l'origine & la cause immediate des couleurs de ce *spectre*. On remonte les rivieres lorſqu'on en cherche la ſource. Mr. Newton tournant tout à fait le dos au Priſme, a affecté de prendre le *ſpectre* le plus loin qu'il a pû ; & n'a rien recommandé d'avantage à ſes ſectateurs.

Le ſpectre eſt plus beau, ſes couleurs ſont plus unies, plus éclatantes, mieux décidées, à meſure qu'elles s'éloignent de leur ſource. N'eſt-il queſtion pour un philoſophe que de courir après un joujou de belles couleurs! Or plus elles ſont belles, plus il ſemble qu'on devroit s'en défier. Plus elles ſont aſſorties à l'œil, mieux elles ſe dérobent à l'eſprit. Regle générale pour un philoſophe. Les phénomenes les plus parfaits, ſont toujours les plus éloignés de leurs cauſes ſecretes ; & la nature ne brille jamais plus, que lorſqu'elle cache ſon art avec plus de ſoin.

Il faut s'éloigner du derriere du Théatre pour jouir mieux du ſpectacle qui en réſulte ſur le devant. Les rivieres s'embelliſſent en approchant de leur embouchure : mais il en coûte pour les remonter. On s'épargne bien des efforts en prenant l'embouchure pour la ſource, placée dans des montagnes eſcarpées de mille rochers.

Mr. Newton vouloit pourtant analyſer, débrouiller, décompoſer les couleurs ; la géometrie pourroit bien l'avoir trompé. Une équation s'analyſe, ſe réſout en pluſieurs équations compoſantes. Plus le ſpectre lui a fait voir de couleurs numériquement différentes, plus il les a crues ſimples & décompoſées; ignorant que la nature au contraire, multiple & nombreuſe dans les phénomenes, est fort simple & presqu'unitaire ; ou tout au plus, & assez souvent, trinitaire dans les causes.

Le Prisme est pourtant la cause immédiate, ai-je dit, & très sensible du spectre. Mr. Newton dont la philosophie ne s'élevoit jamais au-dessus du sensible, pouvoit au moins remonter jusques là, il auroit vû les couleurs sortir du Prisme, au nombre seulement de quatre, & puis s'embrouiller & se confondre pour en produire sept ; & même 12, s'il avoit bien compté ; une infinité même, s'il avoit été coloriste pour les reconnoître. Attendre que les couleurs soient embrouillées pour les débrouiller, au hazard de les mieux embrouiller encore, est-ce infidélité du cœur qui pallie un mauvais systême, ou simple travers d'esprit qui ne cherche qu'à l'étayer ?

Les couleurs ſortent preſque toutes analyſées du priſme, en deux faiſceaux, ſéparés par une bande de lumiére blanche fort large, qui ne leur permet de ſe confondre & de ſe réunir en un ſeul *ſpectre*, qu'à une diſtance aſſez ſenſible, & qu'on peut augmenter à ſon gré. Voilà le point de vûe favorable pour quelqu'un qui veut de bonne foi débrouiller le ſpectre compliqué. C'eſt la nature même qui préſente ce point de vûe à une perſonne que ledit ſpectre n'a point trop faſciné; car nous accuſons la nature d'être myſterieuſe, & c'eſt notre eſprit ſeul, qui aime le rafinement & le myſtere.

Naturam expellas furca, tamen uſque recurret.

Il a fallu une eſpece fourche à M^r. Newton pour écarter ce point de vûë. Mille fois il a vû ce phenomene primitif : les couleurs n'y sont pas si belles, mais elles y sont plus vraies & plus naïves. Ce grand homme en parle, mais en passant, & comme exprès, pour qu'il n'en soit plus parlé, & pour empêcher en quelque sorte ceux qui viendront après lui, d'ouvrir les yeux à la vérité.

Il fait plus : on la reconnoîtroit malgré soi, dans un grand Prisme où la lumiére blanche qui sépare les deux faisceaux primitifs, est fort large. Dans un très petit Prisme, les deux faisceaux sont plus rapprochés & plus près à se confondre en un *spectre* propre à séduire l'esprit par le moyen de l'œil. Mr. Newton donne la préférence aux petits prismes ; & les prismes les plus fameux sont ceux d'Angletterre, qui sont les plus petits.

J'ai ri une fois, Monſieur, lorſque n'etant pas encore bien au fait de votre idée, je vous entendis dire avec indignation, que tous ces priſmes là étoient des impoſteurs : ils ſont tous ajuſtés au theatre du *ſpectre magique.*

Mais le comble, je ne dis pas de la mauvaiſe foi, mais de l'erreur Newtonienne, eſt de ne pas ſe contenter de petits priſmes, & de nous recommander ſur toutes choſes, de n'admettre dans le priſme que le rayon le plus fin & le plus délié, juſqu'à rafiner ſur la petiteſſe du trou par où on introduit un rayon ſolaire dans une chambre obſcure ; voulant expreſſément, que ce trou ſoit fait avec la plus fine pointe d'aiguille, dans une plaque de plomb ou de cuivre. Un grand homme & ſes admirateurs, ne traitent point ces minuties là de bagatelles ; & il eſt vrai que ſi on avoit voulu , ce que je ne crois pas, nous maſquer la nature & la vérité, on ne pouvoit pas s'y prendre avec plus de dexterité. Un rayon de cette fineſſe ſort du priſme avec une lumiére blanche ſi étroite, & ſes deux faiſceaux de couleurs ſi rapprochés, que c'eſt tant mieux pour le ſpectre & tant pis pour le ſpectateur, s'il eſt quelque choſe de plus que ſpectateur.

Tant pis en effet pour quiconque voudra s'y tromper. Je vous ſcai gré M^r. de m'avoir empêché d'en être la dupe. Vous avez beau vous cacher , le public ſçaura bien vous déterrer pour vous témoigner ſa reconnoiſſance. Car tout ceci prenoit un train de ſéduction, dont on vous ſera fort redevable d'avoir arrêté les progrès.

La physique & bien d'autres sciences collatérales & arts dépendans, alloient périr sans ressource par ce systême d'erreur, & par tous ceux ausquels son éclat tenoit lieu de preuve, & dont on sentira désormais le venin à l'*instar* de celui-ci.

Vous vous êtes beaucoup attaché dans votre découverte à la composition du verd par le mélange du jaune & du bleu, & à la position des deux faisceaux colorés dans les confins de l'ombre & de la lumiere. Ces deux points meritent bien qu'on s'y attache aussi. Mais l'objet que vous présentez, est plus grand que cela, & j'aime à le considerer dans toute son étendue. C'est un systême entier de vérités opposées, ensemble & une à une, au systême & au détail de l'Optique à la mode, qui, je le repete, ne peut se soutenir dans aucun de ses points, par la raison toute simple, que le point de vûe physique en est manqué.

Il est réel, je dois en convenir après en avoir cent & cent fois repeté l'observation, il est réel qu'il ne sort point de verd formé du prisme immédiatement, & que ce verd ne se forme qu'à quelque distance par le croisement du jaune & du bleu. Croiriez-vous même un étrange soupçon, qui naît dans mon esprit malgré moi? C'est qu'immédiatement il ne sort aucune couleur du prisme, & qu'elles se forment toutes, les primitives mêmes, au milieu de l'air, à quelque distance très petite à la vérité, & que l'œil auroit bien de la peine peut-être à saisir. Ce seroit bien là qu'on pourroit dire, qu'une nouvelle optique se revele à nos yeux; & alors je ne verrois plus d'embaras dans la formation du violet : mais je n'en parle que sur une foible conjecture, sur une pure lueur que j'aurai l'honneur de vous communiquer de vive voix.

Le principal phenomene & auquel je me serois le moins attendu, c'est que la lumiere qui entre blanche dans le Prisme, en sort blanche, quoique refractée à l'ordinaire, & du reste bien affoiblie à cause de ses rayons interceptés par le verd & affoiblis par la réfraction. Oui, dans toute sa largeur le rayon le plus gros, comme le plus petit, sort non coloré du prisme, & les couleurs qui en sortent, n'en sortent qu'aux deux points extrêmes de cette largeur; points comme indivisibles qui appartiennent autant à l'ombre collaterale, qu'à la lumiere ; cette ombre, selon l'ancien systême fort mal réfuté par Mr. Newton, paroissant autant influer que cette lumiere, dans la génération de ces couleurs ; soit par son mélange, comme vous me paroissez le penser, soit par le mouvement vibratoire que je pense qu'elle occasionne dans les rayons voisins.

Ceci m'explique d'abord deux phenomenes, dont l'un tenant à la nature des couleurs & à leur *qualité*, n'a pas même été remarqué par Mr. Newton, qui ne jugeoit de tout cela qu'en geomettre par la *quantité*, par les angles, par les espaces &c ; & dont l'autre à été tout à fait défiguré par son systême qu'il traverse directement.

Le premier pheno meneconsiste dans cette clarté vive, dont paroissent frapées les couleurs moyennes du prisme & de l'arc-en-ciel; car le jaune surtout paroît extraordinairement illuminé, & le verd l'est beaucoup aussi avec l'aurore & l'orangé : aulieu que le rouge, vif de sa nature, a pourtant moins de luisant que le jaune, étant plûtôt ardent que brillant, & le jaune étant plus brillant qu'ardent: le violet n'a qu'une legere ardeur, à cause de son rouge; & il a du reste peu de clarté, peu d'éclat: & le bleu est fort temperé, soit pour l'éclat, soit pour l'ardeur. Or ces observations tiennent à la nature de ces couleurs; & dans toutes mes dissertations sur cette matiere, vous pouvez vous souvenir, M. que j'ai toujours repeté que le jaune étoit clair de sa nature, le violet obscur, & le rouge moyen. J'explique tout cela de mon mieux dans mon Optique, ou plutôt j'en parle au long; & ce n'est qu'ici que je me vois en état d'en rendre quelque raison de fait, & non d'hypothese ou de conjecture.

Le seul phenomene du Prisme explique tout. Je reçois la lumiere qui en sort à 2, 3, 4, 5, 6 pouces de distance, sur un papier blanc ou ailleurs; & je vois une lumiere blanche au milieu avec deux bandes doubles de couleurs aux deux côtés. D'un côté, qui est celui de l'angle du prisme, est le rouge en dehors vers l'ombre, & le jaune en dedans, confinant à la lumiere blanche moyenne; & du côté de l'épaisseur du prisme ou de sa base, est la double bande de violet en dehors vers l'ombre

bre, & de bleu en dedans, confinant à la lumiere blanche.

Ces quatre positions de couleurs decident d'abord de leur nature claire ou obscure. Du côté de la pointe du Prisme la lumiere est plus vive, à cause de la moindre épaisseur du prisme qui l'affoiblit. Ainsi le rouge est plus clair & plus vif que le violet; le jaune est plus clair que le bleu, que le rouge même: & son excès de lumiere lui ôte même même l'ardeur du rouge, &c. Mais comme les rayons qui forment ces couleurs sont divergens deux à deux, le jaune avec le rouge, le bleu avec le violet, & que par cette divergence, le jaune & le bleu convergent, s'unissant & se confondant, au moins en partie, le jaune surtout absorbe la lumiere blanche, qui disparoît, à quelque distance à des yeux distraits, & continue à se montrer à des yeux attentifs & coloristes, par cet éclat éblouissant dont le milieu du spectre paroît frapé.

Puisque je m'en souviens, je marquerai ici ce que j'ai eu l'honneur de vous dire ailleurs en passant, que cette lumiere qui sort du prisme toute blanche & sans couleur, y a pourtant acquis une certaine disposition à se colorer, que la lumiere non refractée par le prisme n'a pas. Car faites entrer un corps ou une ombre quelconque dans cette lumiere, au milieu ou hors du milieu, aussitôt cette ombre est frangée des deux faisceaux colorés, relatifs aux deux qui terminent la lumiere totale, ce qui confirme bien le systême des confins de la lumiere & de l'ombre, que je vous sçai gré d'avoir rétabli.

Ce systeme est encore bien confirmé, & celui de Mr. Newton bien détruit par le second phenoméne que j'ai indiqué, & que voici. Je n'ai jamais beaucoup manié le prisme, vous ai-je dit ; cela doit s'entendre des experiences aprêtées & difficiles, pour lesquelles je suis trop paresseux ou trop vif. Car du reste, mille fois le Prisme m'est tombé sous la main, & tout autant de fois je l'ai mis devant mes yeux, chose facile, pour regarder toutes sortes d'objets au travers.

J'étois assez prévenu en faveur des experiences de Mr. Newton. On ne nie pas les faits : & j'aime mieux croire que de verifier. Bien d'autres ont fait comme moi. Je croyois le fait des des expériences, mais pas un mot du systéme. En fait de raisonnement chacun a le sien, & je ne plie pas le mien ſi facilement. Cependant lorſque je mettois le priſme devant mes yeux, & que je voyois tous les objets garder leurs couleurs naturelles, les rouges paroître rouges, les blancs paroître blancs, les gris gris, les noirs noirs, les verds verds, & dans toute leur étendue, & ſe franger ſeulement des couleurs ordinaires, ou plûtôt de vos deux franges doubles, rouge & jaune d'un côté, violet & bleu de l'autre, ce ſyſtême Newtonien avec ſon *ſpectre*, venoit à la traverſe, & tenoit en échec tous les raiſonnemens que j'aurois naturellement formés ſur mes propres obſervations, qui avoient beſoin des vôtres pour affranchir ma raiſon des entraves où la tenoit mon trop de reſpect, pour un homme qui mérite même cet excès.

Cette obſervation des objets dont le priſme ne colore que les rebords, eſt toute parallele à la vôtre d'une lumiere blanche, terminée par deux faiſceaux colorés. Elle l'eſt même à celle de l'immutabilité des couleurs de Monſieur Newton; qui eſt la ſeule qui pourra reſter immuable auſſi, dans toute ſon optique : & cela non par les raiſons hypothetiques qu'il en imagine fort inutilement, mais parce que le priſme en effet n'a pas la proprieté fictive de changer les couleurs des corps, ni de les ſéparer, ni de les cribler, ni de les tamiſer.

Son *ſpectre* n'eſt qu'un *ſpectre* en effet, un pur phenoméne, un objet fantaſtique qui ne tient à rien, à aucun corps objectif. Il porte ſur le néant des choſes bien plus que ſur leur être, ſur leur ſubſtance, sur leur étendue. Là où les corps finissent, là il se forme précisément, & quelque grandeur qu'il acquiere par la divergence des rayons, ces rayons ne partent jamais que d'un point, de ce point comme indivisible, je le repete, qui sépare deux corps contigus; & la lumiere de l'un, de l'ombre contigueou de la lumiere moins forte de l'autre.

Cette lettre est assez longue: je réserve pour une autre le morceau hypothetique des refrangibilités, des refractions mêmes, aussi bien que celui de la décomposition & de la filtration prismatique des couleurs. Vous verrez, Monsieur, & tout le monde verra, combien il y a de bonnë foi à prétendre, comme on affecte de le débiter, que les assertions de M. Newton ne sont pas des hypotheſes, tandis qu'elles ſont la plûpart pis que cela, & de pures erreurs : combien cette méthode tant vantée en phyſique d'expériences perſonnelles & recherchées, eſt ſujette à l'illuſion : & combien peu de fond même on peut faire ſur tous ces calculs alembiqués & ſur ces meſures prétendues geometriques, qui viennent à l'appui d'une phyſique auſſi ſinguliere, que celle du vuide & de l'attraction.

Je ſuis Monſieur &c.

SECONDE LETTRE

*Du P. Castel Jesuite, en réponse à Monsieur D ***. sur le faux des experiences d'Optique du celebre Monsieur J. Nevvton.*

MONSIEUR,

On dit qu'un Capitaine doit déliberer à loisir, mais qu'il doit exécuter à la hâte & avec force ce qu'il a une fois résolu. Vous n'avez été que trop réservé à communiquer, & même en communiquant vôtre expérience de la décomposition ou de la composition du verd prismatique.

Mr. Newton, il est vrai, méritoit de grands égards, & vous

vous

vous deviez à vous-même, de ne pas frapper à faux un si grand coup. J'ai été deux mois, à votre exemple, à me défier de votre grand Prisme : & lorsque mes yeux ont été convaincus, j'ai encore déliberé quatre mois, sur la maniere dont je répondrois à l'invitation que vous me faites dans votre lettre, de vous seconder dans une affaire, qui devoit m'être cependant assez familiere d'ailleurs.

Mais comme l'erreur gagne, & que la séduction fait des progrès, mon parti étant pris sur le faux de l'Optique de Mr. Newton, je crois que puisqu'elle doit tomber tôt ou tard, c'est servir la vérité & le public ; que d'accélerer sa chute, en tirant bien au clair la démonstration de ce faux contagieux. C'est par la méthode même de Descartes, qu'on a souvent convaincu Descartes de faux. Mr. Newton en appelle à l'expérience, aux faits, & ici nommément au Prisme. On a droit de le servir à sa mode.

On ne nie pas les faits, cela est vrai, mais on les examine. Un narrateur de faits est-il donc infaillible? Messieurs les Newtoniens ne le prétendent que trop; & réellement cette méthode d'expérience & de faits, a quelque chose d'imposant, quelque chose même de sacré: mais pour qui? Car il seroit dangereux de s'y méprendre. C'est pour ceux qui en usent, & qui disent *voilà une expérience*, *voila un fait*, que le sceau de la vérité doit être sacré.

La méthode des hypotheses & du simple raisonnement même n'est pas obligée d'être si scrupuleuſe. On ne donne jamais une hypotheſe, que pour ce qu'elle vaut. Il y a de la modeſtie à s'en ſervir. C'eſt convenir qu'on peut ſe tromper, & qu'on ne ſçait pas tout. Le raiſonnement n'eſt non plus qu'un louable eſſai des forces de ſon eſprit. Et la démonſtration même peut-être fauſſe, ſans deshonorer ſon auteur. On n'eſt deshonoré que par les vices du cœur. La méthode des faits, pleine d'authorité & d'empire, s'arroge un air de divinité qui tyranniſe notre créance, & impoſe à notre raiſon. Un homme qui raiſonne, qui démontre même, me prend pour un homme : je raiſonne avec lui, il me laiſſe la liberté du jugement ; & ne me force que par ma propre raiſon. Celui qui crie voilà un fait, me prend pour un eſclave : les faits ne ſont pas lumineux : le plus ſouvent on eſt dans l'impoſſibilité de les vérifier. Il ſemble qu'il n'y a que Dieu qui ait droit de nous mener par les faits. Auſſi chez les hommes cette méthode touche-t'elle à l'honneur & aux mœurs. Il y a bien quinze ans que j'ai dit, qu'un menſonge ſçavant n'étoit qu'un menſonge tout court.

C'eſt donc à Meſſieurs les Newtoniens, de reſpecter leur méthode, s'ils ſe reſpectent eux-mêmes ; de la regarder comme ſacrée, & de s'aſſurer bien de leurs faits. Pour nous qui ne reſpectons que le vrai, *nullius addicti jurare in verba magiſtri*, nous avons droit de juger ces articles de foi humaine & philoſophique, qu'on nous propoſe. Et ſi par hazard il alloit s'y trouver du faux, ſur-tout s'il n'y étoit pas plus ménagéque dans la méthode du raisonnement ou de l'hypothese, alors au moins il nous seroit donc permis de tirer des conséquences :

Que cette méthode si emphatique & si dédaigneuse, ne vaut pourtant pas mieux que les autres; qu'elle vaut même moins, quand ce ne seroit que par ce qu'elle prétend valoir mieux: & qu'enfin, tranchons le mot, elle ne vaut rien, n'aboutissant en premiere instance qu'à la qualité occulte, & en dernier ressort à l'erreur.

On se joue depuis assez longtemps de notre crédulité & de notre admiration, pour que nous ayons droit enfin d'en articuler un mot de plainte & presque d'indignation. Quand on aime véritablement les sciences, on est véritablement piqué de les voir traiter avec plus d'autorité que de raiſonnement, & même de raiſon.

Quoi de plus affirmatif & de plus qualifié du nom merveilleux de faits, que tout ce que Mr. Newton nous débite ſur les angles de réfrangibilité & de réfraction ? Or il ne ſe contente même pas de nous en parler en obſervateur & en hiſtorien : il y ajoute tout le poids de ſa qualité de Geometre; & qui dit Geometrie de ſa part, dit un nouveau renfort d'articles de foi humaine ; ce grand homme prononçant le plus ſouvent les vérités Géometriques comme des faits ou des oracles, dont il ne daigne rendre aucune raiſon ou dont il ne rend que des raiſons, fort obſcures & hors de la portée des plus Geometres. *In* pag. 415.

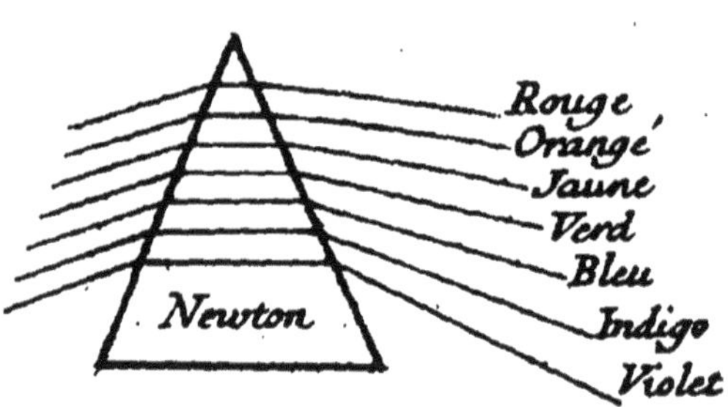

pag. 417.

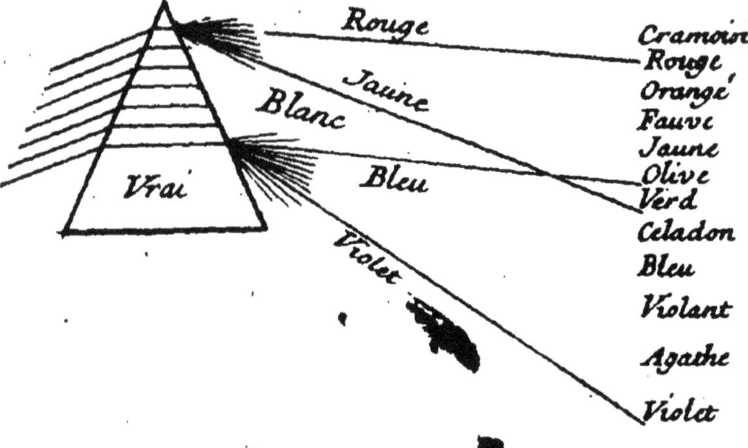

Desbruslins Sculpsit.

arte suâ cuique credendum est. Oui *credendum*, & c'est toujours de la foi humaine qu'on nous propose.

En faisant des expériences, & en mesurant & en calculant, Mr. Newton a trouvé que sept rayons par exemple, qui venant du soleil entrent parallelement dans le prisme, se réfractent ou se plient en y entrant, le traversent parallelement encore, se réfractent de nouveau & se plient en sortant, mais se plient inégalement, selon cette loi que le plus près de la pointe ou l'on voit le rouge, est le moins plié; celui qui suit & qui fait voir l'orangé, est un peu plus plié, le jaune suivant un peu plus, le verd un peu plus, le bleu un peu plus, l'indigo un peu plus & le violet enfin le plus de tous.

Rien n'est plus méthodique & mieux arrangé, que ce systême

de réfractions uniformément difformes: & ceux qui disent que Mr. Newton n'a point de systême, ne prennent pas garde que c'en est là un des mieux faits. Ils veulent dire que Mr. Newton n'a point d'hypothese. Car il étoit trop géometre & trop conséquent, pour n'être pas infiniment systématique: ce n'est donc point là une hypothese, mais le propre systeme de la nature, & un fait constant d'experience observé, mesuré, & très-exactement calculé par son auteur. Or si ce fait là est faux, si ce n'est rien moins qu'un fait, & si ce beau systême n'est qu'une hypothese imaginaire & chimérique, à quoi, & à qui se fiera-t-on desormais ?

Voici pourtant le fait, tel qu'il résulte de vos observations, & tel que me le donnent les miennes.

Les rayons entrent paralleles dans le Prisme, s'y plient & le traversent parallelement comme dans le systeme Newtonien. Mais en sortant c'est autre chose, & un tout autre systême. La figure est parlante; il y a quatre principaux rayons sortant de deux points, un rayon rouge & un rayon jaune du côté de la pointe : un rayon violet & un bleu du côté de la base. Le rayon rouge & le violet sont en gros, assez conformes au systême Newtonien : mais voila tout & tous les autres s'en écartent.

1°. Mr. Newton compte sept rayons colorés sortant du Prisme, & n'en voilà que quatre.

2°. Selon lui tout est coloré entre le rouge & le violet. Or ici tout l'entre-deux est blanc.

3°. Tous les sept rayons sortent de points différens du prisme, les uns à côté des autres. Ici le bleu & le violet ſortent du même point, & le rouge & le jaune du même.

4°. On peut même compter 3 & plus de rayons ſortant d'un même point. Car à quelque diſtance du priſme, on peut entre le jaune & le rouge diſtinguer l'orangé, l'aurore, & toutes les nuances moyennes entre ces deux couleurs, toutes ſorties du même point du priſme qu'elles ; & entre le violet & le bleu on peut de même &c.

5°. Mais le verd qui ne ſort point immediatement du priſme, & qui ne ſe forme que par le concours du jaune & du bleu, n'a point d'angle de refrangibilité, n'en ayant point de refraction. Cependant Mr. Newton l'a obſervé, meſuré, calculé, & aſſigné qui pis eſt, dans ſon Optique.

6°. Le bleu eſt moins refracté que le violet, & le rouge moins que le jaune chez Mr. Newton, & ici auſſi. Mais les differences en ſont comme uniformément difformes chez Mr. Newton : ici elles le ſont très difformément.

7°. La difformité en eſt ſi grande, que la différence en eſt du tout au tout. Car le violet & le bleu ſont divergens chez Mr. Newton, & le bleu & le jaune le ſont auſſi; mais de maniere que le bleu & le jaune ſuivent le même ſyſtême de divergence. Or ici, c'eſt-à-dire dans le vrai, la divergence du bleu & du violet, & celle du rouge & du jaune ſont telles, qu'elles produiſent une très grande & très ſenſible convergence entre le jaune & le bleu.

8°. C'eſt ce jaune & ce bleu qui donnent le démenti le plus

formel au ſyſtême & aux meſures Newtoniennes, juſqu'à faire douter, s'il étoit poſſible, que Mr. Newton eût jamais manié de Priſme. Selon lui, l'angle de réfrangibilité & de réfraction du jaune, eſt plus petit que celui du bleu. Or il eſt ici de beaucoup plus grand. La nature eſt-elle donc changée depuis une quarantaine d'années, que Mr. Newton s'eſt vanté de l'avoir priſe ſur le fait ?

Tâchons de ſauver la bonne foi de Mr. Newton. Car il ne peut être déſormais queſtion d'autre choſe : & dans le vrai, je le proteſte, je ne doute pas un ſeul inſtant de cette bonne foi. On ne ſe trompe pas ainſi de guet à pens. On n'en ſçauroit voir le *cui bono*. Les préventions d'un ſyſtême ſont étranges. On ne voit que ſon ſyſtême, dès qu'on l'a fortement imaginé. Je ne connois point d'imagination, de tête même en général, plus forte que celle de Mr. Newton. Descartes avoit plus de souplesse, il n'étoit que ferme, Mr. Newton avoit une roideur inflexible.

Je tranche le mot. Newton n'avoit jamais observé, mesuré ni calculé les réfractions originales des rayons sortants du prisme. Depuis qu'il eut fixé les yeux sur le *spectre*, il ne les en détourna pas un moment. Les caracteres roides vont toujours en avant. Après avoir pris ce spectre à une certaine distance du Prisme, il consentit bien à le suivre plus loin, mais jamais à regarder en arriere, & à le rapprocher de sa source. Je l'ai dit : peu coloriste, il ne connoissoit que les belles couleurs. Je croirois qu'une belle fleur au milieu d'un beau parterre le touchoit peu. Il lui falloit le contraste d'une chambre obscure pour relever l'éclat des couleurs qu'il aimoit. Il n'aimoit que les couleurs vives & bien décidées ; il n'a gueres parlé que de celles là, c'est-à-dire, des sept couleurs toniques, dans son Optique.

Il paroit donc, que n'ayant jamais mesuré les angles de réfraction des couleurs originales, à la sortie d'un premier Prisme, il ne les a mesurés qu'à la sortie d'un second par où il les a fait passer, non toutes ensemble & en entier comme le représente la figure du systême; mais l'une après l'autre, & encore par petites parties : & alors 1°. ses observations & ses mesures étoient fort inutiles pour décider la nature & les proprietés originales des couleurs, puiſque ces angles ſecondaires ſont ſi peu reſſemblans aux primirifs. Car il faut bien remarquer que ſelon Mr. Newton, le bleu eſt dans tous les cas par nature & par eſſence plus réfrangible & plus refracté que le jaune, & ainſi des autres: ce qu'il prouve par un grand détail apparent d'experiences qui ne décide pas plus la nature de ces couleurs, que ſi on diſoit qu'un bleuet & n'a point d'odeur, & qu'une jonquille ſent fort bon.

2°. Si Mr. Newton a meſuré les angles de refraction des couleurs, au ſortir d'un ſecond Priſme, je doute encore ſans facon de l'exactitude de ſes meſures: & j'en doute parce que j'ai cent raiſons d'en douter 1°. Il n'a jamais fait paſſer le *ſpectre* tout entier dans le ſecond priſme, pour voir ſi en effet tout ſe plieroit ſelon sa figure systématique, qui n'est donc pas dessinée d'après nature, mais d'après l'imagination. Dans ce seul cas, une couleur serviroit à l'autre de point de comparaison, & que sçait-on ce qui en arriveroit ? Les Prismes sont trop petits dira-t'on, & le spectre trop grand. Mais on n'a pas droit de le dire, parce que la petitesse des Prismes, & la grandeur du spectre, sont deux choses de fantaisie & d'affectation pure dans M. Newton. Pourquoi prend-t'il le spectre si loin, & pourquoi decrie-t'il les grand Prismes, jusqu'à forcer tous les miroitiers d'en faire de petits ? Que sçait-on ? un homme si éclairé peut se fier à ses pressentimens : il en avoit sans doute que son Optique devoit périr, par un *petit spectre* & par un *grand Prisme*.

2°.

20. Nonseulement il n'a pas fait passer le *spectre* entier, par son second prisme; je doute même qu'il y ait fait passer aucune des 7 couleurs, toute entiere. Dans l'éloignement où il les prenoit, elles étoient encore trop grandes & le Prisme trop petit. Il a donc pris une petite portion des rayons violets, des rayons bleux, & cela seul me rend tout suspect. Ces rayons sont tous divergens entre eux; je dis ceux de même nom. Les a-t-il pris au milieu de la couleur, les a-t-il pris en dessus? Les a-t-il pris en dessous, dans le voisinage des couleurs collaterales? Tout cela doit faire des différences, & influer dans le oui ou dans le non du systême. Or dès qu'un Auteur de systême peut aider à la lettre, la tentation est trop forte, on peut affirmer qu'il n'y manque pas.

3°. Le violet, l'indigo, le bleu, le rouge même, je les croirois assez maniables par le second prisme, & leurs réfractions assez faciles à déterminer. Mais le verd, le jaune, l'aurore, l'orangé & toutes les couleurs claires, je doute que M. Newton nous ait dit toutes les difficultés, qu'il aura pû trouver à les mettre en regle. Le verd quoiqu'on en dise, est une couleur mêlée & formée de rayons croisés. Ce n'est pas ma faute si on n'a pas trouvé le secret de la décomposer. Mais absolument tout ce qui est composé, est décomposable; & il y a un ou deux ans que sçachant bien d'ailleurs, que le verd & le violet étoient composés, j'en tirai dans nos Mémoires, un argument contre l'imperfection évidente de l'art prismatique de Mr. Newton.

4°. Il y a dans ces couleurs claires, un mélange de lumiere blanche, dont je ſuis fort en peine; & Mr. Newton ne nous en dit point de nouvelles. Je crois même qu'il nous en dit de fauſſes nouvelles. Car il nous fait entendre, qu'on ne peut revivifier en blanc ſon ſpectre, qu'en ramaſſant le total de ſes couleurs avec une loupe. Or j'ai de tres fortes raiſons de penſer que ces couleurs claires toutes ſeules, & peut-être le jaune ſeul ramaſſé en un petit foyer, avec une lentille, donneroit du blanc, blanc jaunâtre, ſi l'on veut : celui du ſoleil l'eſt bien ; & il s'agit ici en effet du blanc du ſoleil.

Je tourne mon eſprit de tous les ſens pour excuſer Mr. Newton, en imaginant tout ce qui a pû le tromper. Peut-être a-t-il meſuré les réfractions des couleurs dans le premier Prisme; & alors le rouge y paroissant évidemment moins réfracté que le violet, le spectre a pû en gros lui paroître formé de rayons parallelement divergens, comme la premiere figure ci-dessus les représente. Son rayon étant fort petit, & les couleurs extrêmes sortant fort rapprochées, & se confondant bien près du Prisme, il aura pû, n'y regardant pas de si près, ne pas voir le blanc intermédiaire, ou le confondre avec le jaune clair. Et ayant mesuré l'angle du rouge & celui du violet, & trouvé celui là beaucoup plus grand que celui-ci, & ne doutant pas que les couleurs ne fussent couchées les unes sur les autres, il aura cru ne pouvoir faire mieux que de partager la différence qui est entre les angles du rouge & du violet, aux angles présumés des autres couleurs.

Je ne voudrois pas trop affirmer, que la chose ne se fût pas faite à peu près comme cela. La plûpart des Newtoniens Physiciens n'étant pas Géometres, en répétant les expériences de leur maître, peuvent bien s'être contentés de réperer les principales. Celles de la mesure des angles prismatiques sont épineuses, & fort au-dessus de la capacité d'un simple Physicien. Je croirois volontiers que la plûpart des Géometres mêmes, s'en seront tenus à voir que le Prisme placé devant les yeux, fait paroître le rouge plus haut que le bleu ou le violet. Passons à la décomposition & à la filtration des rayons colorifiques.

Une des plus ſingulieres idées de ce ſyſtême, & qui a été probablement la racine du ſyſtême, & la tige de toutes les autrës idées, eſt celle du priſme conçû comme un crible ou comme un filtre propre à tamiſer, à filtrer les rayons, & à en faire le diſcernement. Cette idée eſt ingenieuſe, elle rit à l'eſprit, elle brille à l'imagination. Le priſme plein de pores, & laiſſant paſſer les rayons au travers, à quelque analogie avec un filtre ou un tamis. Mais voilà tout, & du reſte elle n'a rien de vraiſemblable, & n'eſt fondée ſur rien, abſolument rien. Pour celle là du moins on doit convenir de bonne foi, que c'eſt une hypotheſe, pure hypotheſe, des plus hypotheſes qui ſe faſſent, n'ayant pas ſa pareille dans tout le ſyſtême Carteſien, ſi ce n'eſt tout au plus les petits tourbillons de Malebranche.

Tout ceci manque dans le principe. C'eſt un ancien reproche fait aux Philoſophes, & ſurtout aux Mathematiciens; tandis qu'ils ſpeculent le Ciel, & ſe promenent dans les étoiles, ils ignorenr le precipice où ils vont trebûcher ſur la terre. M. Newton paſſe ſa vie à ſpéculer les couleurs dans une chambre obſcure. Il meſure, il combine les couleurs incorporelles & preſque ſpirituelles du priſme, de l'arc-en-ciel, & le voilà tout-à-fait dans les Cieux. Auſſi n'a-t-il pas manqué d'apotheoſe: mais terre à terre & au grand jour, il auroit dû ſe rendre un peu plus coloriſte, & ſe mettre plus au fait des couleurs ſubſtantielles, uſuelles & maniables de la Peinture & de la Teinture.

On lui pardonneroit absolument, de n'avoir pas sçu cette vérité précise, qu'il n'y a que trois couleurs-meres. Mais il auroit dû sçavoir qu'avec du rouge & du bleu l'on fait du violet ; & qu'avec du bleu & du jaune on fait du verd. Tous les Peintres & Teinturiers le sçavent, & tout homme qui veut parler des couleurs, doit le sçavoir : ne le sçachant pas (c'est bien pis s'il l'a sçu) il s'est imaginé, que toutes les couleurs prismatiques étoient primitives, le violet comme le rouge, le verd comme le jaune, l'orangé comme le bleu, & l'indigo comme le violet. Erreur capitale & systématique, qui a entrainé toutes les autres erreurs.

Les couleurs du Prisme, sont un phenomene ; comme celles de l'arc-en-ciel. Par où prouvet'on t'on qu'elles ſont primitives? J'aimerois autant dire, que les couleurs d'un œillet, d'un tricolor, d'un coquillage ou d'un papillon pris au hazard, ſont les couleurs primitives de la nature! On ne peut pas décompoſer les couleurs du priſme. Belle preuve, où l'on commence par ſuppoſer, que le priſme eſt fait pour décompoſer, que c'eſt un crible, un tamis, un filtre, un menſtrue capable de faire ſon operation ſur le champ. Ce ſeroit une belle découverte, qu'un pareil menſtrue. L'art n'en a pas de tel, & on n'en a point d'éxemple dans la nature.

On pouſſe l'hypotheſe bien plus loin: non ſeulement on ſuppoſe que le priſme eſt fait pour décompoſer la lumiére & les couleurs, mais on le ſuppoſe par la raiſon des contraires, & parce qu'il ne peut pas décompoſer. Remarquons bien le ſophiſme. Si le ſecond priſme avoit décompoſé le verd & le violet & toutes les ſept couleurs, on en auroit conclu aſſez naturellement que le premier priſme les avoit donc compoſées & mêlées. Mais parce que le ſecond priſme ne décompoſe rien, & qu'il laiſſe les couleurs comme il les a reçues du premier priſme, on conclud que c'eſt donc ce premier qui a tout décompoſé. On ſuppoſe donc prouvé, qu'un des deux a la vertu de décompoſer, puiſque dès que l'un ne l'a pas, on conclut que c'eſt l'autre.

Je tourne mon eſprit, je le retourne, & je ne puis trouver ou l'on peut avoir pris cette imagination bizarre de la décompoſition des rayons par le priſme. La ſeule juſteſſe & la conſtance invariable de cette décompoſition avec ſa promtitude ſoudaine, auroit dû la faire rejetter : mais a-t-on jamais vû priſme décompoſer aucune couleur? C'eſt que les rayons ſolaires ſont colorés par eux-mêmes : autre hypotheſe, autre imagination, autre erreur; je ſçai bien que tout cela eſt lié, & que du côté de la liaiſon ſyſtematique, Mr. Newton eſt parfait & très digne de notre admiration.

Ce dernier point cependant eſt indifférent au ſyſtême, & abſolument il ſeroit mieux pour Mr. Newton qu'il n'y eût que trois couleurs : la filtration en ſeroit plus facile, & le diſcernement plûtôt fait; mais cela même prouveroit contre l'habilité du prisme à filtrer & à discerner : puisque le second prisme donne sept couleurs & le premier encore quatre; un troisieme en donneroit bien douze, si on étoit assez coloriste pour les reconnoître. Je n'ai encore vû aucun Newtonien qui le fût. On n'est pas coloriste pour avoir lû l'Optique de Newton, ni pour en avoir repeté les expériences. Ce n'est pas même l'*a b c* du coloris, d'autant plus qu'il n'y a dans tout cela pas un mot de *clair obscur*.

Un habile chimiste ne conclura jamais, que l'or où l'amianthe soient indécomposables, parce que ni lui ni aucun autre n'a pû trouver l'art de les décomposer : quoique les agens dont il se sert, le feu, l'alembic, mille dissolvans ſoient reconnus tels en mille autres occaſions. Décompoſe-t'on les couleurs d'un papillon, d'un coquillage, d'un œillet? & les traite t'on pour cela de primitives? Jamais en aucun genre, la non décompoſition n'a ſervi de preuve à la non compoſition. En toutes choſes, il eſt plus facile d'embrouiller que de débrouiller.

Dans la Géométrie même, pour raiſonner *ad hominem*, comme on dit, il eſt toujours facile de compoſer, de multiplier, d'éxalter, de former des équations, de combiner des problêmes. Mais le plus ſouvent il eſt impoſſible, & toujours très-difficile de décompoſer, de diviſer, d'extraire, de réſoudre. Mr. Newton voudroit-il prononcer, que des milliers de problêmes qui lui ont passé par les mains, & qu'il n'a pû résoudre parmi bien d'autres qu'il a résolus, sont irrésolubles? il n'y a que dans la Physique qu'il a déclaré infaisable, ce qu'il n'a pû faire. Je le crois néanmoins tout franc, bien plus oracle en Geometrie qu'en Physique. Car en deux mots, ce qu'il n'a pû exécuter pour la décomposition du verd & du violet, un Teinturier va le faire, & les décomposer, avec des lessives appropriées.

Mais qu'on les décompose ou non, c'est un fait qu'on les compose tant qu'on veut; le verd, je le repete, avec du jaune & du bleu; & le violet, avec du bleu & du rouge: au lieu que les couleurs véritablement primitives, ne se composent par le mélange d'aucune autre couleur, mais par ſimple generation, ſoit naturelle, ſoit artificielle. Le bleu d'outremer ſe fait avec la pierre qu'on nomme *lazuli*, calcinée & préparée. Le bleu de Pruſſe ſe fait, avec le ſang de bœuf & des ſels. L'indigo, le Paſtel, le Vouëde, qui ſont trois bleux, ſe font avec des ſucs de plantes, fermentés & coagulés : le rouge de *Carmin*, ſe fait de même immediatement avec la cochenille, qui eſt naturellement rouge. Le *rouge brun* eſt un *ocre* calciné. La *mine* ou *minium* eſt un plomb calciné. Le *vermillon* ou *Cinabre* eſt un rouge produit par un mêlange de ſoufre & de mercure exaltés.

On me dira que c'eſt toujours par des mélanges, qu'on produit le rouge & le bleu, comme le verd & le violet. Mais il y a bien de la difference : le verd & le violet se produisent immédiatement par le mélange d'autres couleurs ; & en effet par un simple mélange de couleurs : au lieu que le bleu le rouge, le jaune, se produisent par un mélange de drogues dont les couleurs n'influent en rien dans la leur. Par exemple le vermillon qui est rouge, se fait par un mélange de soufre & de mercure. Le soufre étant jaune & le mercure bleuatre, leur simple mêlange produiroit du verd immédiatement. Mais il ne suffit pas que leurs couleurs superficielles se mêlent superficiellement. Il faut que leurs substances se penetrent, agissent l'une sur l'autre, s'alterent & s'incorporent, qu'il ne s'en forme qu'une drogue seule, dont la couleur exaltée par le feu, degenere en un beau rouge.

Tout jaune mélé avec tout bleu, produit du verd: au lieu que le rouge n'a point de mélange de couleurs déterminées pour se produire: par exemple le plomb tout seul calciné au feu, devient d'abord jaune; & un peu plus poussé au même feu, il devient rouge sous le nom de *mine* ou de *minium*. L'ocre qui est jaune, étant calcinée sans mélange, produit le *rouge brun*. On voit donc que le rouge ne dépend du mélange d'aucune couleur déterminée pour être produit; & réellement en Peinture ni en Teinture, il n'y a aucune couleur non rouge, ni aucun mélange d'autres couleurs non rouges, qui fasse du rouge. Et c'est le même du bleu & du jaune. Au lieu qu'avec ces trois couleurs, on fait toutes les autres par leur ſimple combinaiſon. Il y a longtemps que je devois au public cet éclairciſſement.

Avant que de finir cette lettre, je dois remarquer qu'il y a des cas où le bleu & le jaune du Priſme ſe croiſent ſi bien, que le ſpectre en devient preſque tout verd ; en ſorte qu'on n'y voit plus de vrai jaune. Car c'eſt ſur-tout le jaune qui eſt abſorbé par le bleu. Eh ! que deviennent alors les meſures geométriques de Mr. Newton, qui avoit trouvé que les eſpaces relatifs des ſept couleurs prétendues primitives, étoient comme les ſept intervalles diatoniques de la muſique ?

Dans la premiere annonce d'une nouvelle muſique chromatique, j'avois cité cette prétendue découverte de Mr. Newton. Je l'avois cité, comme je l'ai dit ailleurs, pour adoucir un peu l'extrême nouveauté de la mienne. Le public ne fit pas d'abord grand cas de ma citation. Dans la ſuite comme le temps meurit toutes choſes, l'harmonie des couleurs ayant un peu pris le deſſus, quelques Newtoniens peu attentifs, ont voulu tout attribuer à Newton. Voilà ſur quoi ils ſe ſont fondés, ſur des eſpaces fauſſement meſurés, ſur un ſyſtême qui ſe trouve aujourd'hui tout ruineux.

J'avois cité auſſi Kircher avec plus de juſteſſe & de vérité. Mais Newton étoit à la mode : il avoit inventé tout ce qu'on avoit dit avant, & tout ce qu'on devoit dire après lui. On aime à ſervir ſous les plus fameux Capitaines; & de braves ſoldats toujours à leur ſuite, doivent les retrouver partout. Cependant Kircher ayant été moins Geometre, mais plus muſicien & peut-être plus coloriſte que Newton, avoit parlé de l'harmonie des couleurs avec moins de préciſion que lui, & par là même, avec plus de juſteſſe. Il s'en étoit tenu à des idées générales.

Mr. Newton avoit pris l'analogie des couleurs & des ſons, la connoiſſant peu, trop à la lettre, ou d'une façon trop materielle. Parce que la longueur des cordes decide de la nature des ſons, il vouloit que la longueur des eſpaces colorés decidât de la nature des couleurs; & ajuſtant, comme il arrive toujours, la meſure au ſyſtême, & l'expérience à la meſure, il avoit trouvé ces eſpaces colorés dans la proportion des cordes de muſique. De cent qui les meſureront, je ſuis perſuadé qu'il n'y en aura pas deux qui y retrouvent cette juſteſſe. Mais je ſuis auſſi perſuadé qu'il n'y en aura pas deux qui oſent ſe vanter de ne l'y avoir pas retrouvée.

A quatre pas du priſme, c'eſt la pierre de touche, qu'ils viennent eſſayer leurs meſures, ils les trouveront toutes fauſſes, quand ce ne ſeroit que parce qu'ils n'y trouveront point de verd à meſurer. Mais dans leur point de vûë même, & dans celui de M. Newton, j'oſe bien les défier de vérifier les prétentions de ce grand Géometre à cet égard; ſi ce n'eſt peut-être dans des cas uniques, où l'art forcera la nature à se plier à des regles de fantaisie, & où même encore on sera obligé d'aider à la lettre, & de prendre un peu sur une couleur ou sur l'autre pour les ramener les unes & les autres au but prémédité. Il y a harmonie dans les sons, il y a harmonie dans les couleurs. Mais les couleurs ne sont pas les sons, & l'oreille n'est point l'œil. L'analogie ou la similitude n'est point une égalité, beaucoup moins une *identité* ou une mêmeté. J'ai l'honneur d'être, &c.

Principes Physico-Mathématiques de la Nature, dans la réfraction de la Lumiere : Imprimés pour la premiere fois en 1720. *dans les Mémoires pour l'Histoire des Sciences & des beaux Arts, au mois de Mars, page* 640.

PREMIERE HYPOTHESE.

SOit conçu un espace *OQPR*, plein de Globes, avec ces conditions : qu'ils soient parfaitement égaux, solides, incompressibles, sphériques, polis, se touchant d'aussi près qu'il est possible ; c'est-à-dire comme on le voit assez, & comme on peut le démontrer géometriquement, ne laiſſant dans tout l'eſpace, que des intervalles triangulaires, exactement fermés, autant qu'ils peuvent l'être.

Premier Principe. Un eſpace étant exactement plein de pareils globes, eſt abſolument incapable d'être aggrandi ou dilaté par aucun effort ; & aucun de ces globes ne peut être remué en aucun ſens.

Second Principe. Cet eſpace étant conçu partagé par un Plan ou une ligne *O P*, & tous les globes *A*, *B*, *C*, *D*, *E*, &c. d'un côté *R R*, étant abſolument incompreſſibles, & tous les globes *a*, *b*, *c*, *d*, *e*, *f*, &c. de l'autre côté *QQ* étant compreſſibles, ou mêlés uniformément de globes compreſſibles ; & ce total de globes *A*, *B*, *C*, *D*, *a*, *b*, *c*, *d*, &c. étant pour tout le reſte conditionné

Gravé par Desbruslins.

né ſelon la premiere Hypotheſe, ceux du côté *R* ne peuvent ſe remuer en aucun ſens, ſans comprimer ceux de l'autre côté *Q*, tous ou en partie.

Troiſiéme Principe. Un globe quelconque *B* du côté *R*, étant pouſſé dans une direction quelconque *BEMef*, trouve de la réſiſtance, non-ſeulement dans ce globe antérieur *E*, mais auſſi dans les collateraux *E*, *F*, enclavés dans l'angle de contingence des deux *B*, *E*; & pour ſe mouvoir ou pour propager ſon mouvement, il doit vaincre cette réſiſtance.

Quatriéme Principe. Si la réſiſtance des deux collateraux *C*, *F*, eſt égale, la direction *B*, *E* du mouvement ou de ſa propagation ne change point : ſi la réſiſtance eſt inégale, la direction & la propagation ſont réflechies, détournées, rompuës vers le globe le moins réſiſtant. Cela eſt évident : ces globes *C*, *F*, refléchiſſant *B* l'un vers l'autre, le plus fort doit l'emporter. L'expérience qui en eſt facile & très-certaine, peut rendre cela ſenſible à quiconque voudra la faire, en diſpoſant des globes (*des Dames même à joüer*) ſelon l'Hypotheſe.

Cinquième Principe. Non-ſeulement *C*, *E*, *F*, téſiſtent au mouvement du globe *B* vers *E*, mais encore *G*, *H*, *I*, *M*, *N*, *D*, *&c.* lui réſiſtent, & forment une réſiſtance totale qui ſe partage en trois : la directe qui vient de *E M*, laquelle ne change rien à la direction du mouvement : & les deux laterales *F*, *I*, *H*, *&c.* & *C*, *D*, *N*, *G*, *&c.* leſquelles, comme au Principe précédent, changent lorsqu'elles sont inégales, & suivant la loi de leur inégalité.

Sixiéme Principe. Un globe *B.* ne pouvant (2. *Pr.*) se remuer sans comprimer les globes ou une partie des globes du côté *Q*, la résistance que *B* trouve à se mouvoir, doit être estimée par le total des globes compressibles & incompressibles qui doivent céder, afin qu'il se remuë. J'appelle cela la sphére de résistance.

Septiéme Principe. Un globe *B* étant poussé dans une direction *BIHQ* perpendiculaire à *OP*, se meut ou propage son mouvement en *h* dans cette même direction. Il est clair que les résistances collaterales sont égales dans toute la succession de ce mouvement ou de cette propagation. L'expérience rend cela sensible.

Huitiéme Principe. Si la direction *BEMF* est oblique à *OP*, elle change, & le mouvement ou la propagation est reflêchie ou rompuë vers l'espace *QQ* par une ligne *Mm* moins oblique sur *OP*, ou comme on dit, elle est raprochée de la perpendiculaire *BQ*. L'expérience en est facile.

Démonstration. Il est clair que la résistance est moindre d'un côté que de l'autre, & que par exemple le mouvement étant propagé en droiture, si l'on veut, jusqu'à *M*, ce globe est reflêchi inégalement par les collateraux *i*, *o*, & plus par *i* incompressible, que par *o* qui céde en se laissant comprimer.

Neuvième Principe. Le mouvement de *B* est rompu non-seulement en *M*, mais d'un globe ou d'une rangée de globes à l'autre; & la propagation s'en fait par un polygone, ou par une portion de polygone, d'autant de côtés qu'il y a de rangées par où elle paſſe ; & ce polygone tourne ſa concavité vers *Q* ; ſçavoir du côté de la moindre réſiſtance.

Démonſtration. Le mouvement étant conçu paſſer ſucceſſivement de *B* en *E*, de *E* en *M*, dès le premier inſtant il doit être reflêchi de *C* vers *F*, les réſiſtances laterales totales étant inégales, & celle du coté *C* prévalant ; parce que de ce côté la ſphére de réſiſtance n'embraſſe que des globes incompreſſibles, ou très-peu de compreſſibles : au lieu que du côté *F* elle embraſſe moins de globes incompreſſibles, & plus de globes compreſſibles. Au ſecond inſtant le mouvement paſſant de la ſeconde rangée à la troiſiéme, c'eſt, &c.

Dixiéme Principe. Si les globes

devenant infiniment petits, le nombre des rangées augmente à l'infini, le polygone se change en une courbe réguliere; sçavoir lorsque *BM* est infinie en une hyperbole géometrique, dont la direction primitive *BEM* est l'asymptote : en une hyperbole physique, c'est-à-dire qui ne differe point sensiblement d'une hyperbole, lorsque *BM* n'étant point infinie, elle est pourtant fort étenduë; par exemple, égale à la distance du Soleil à la Terre; en une parabole, lorsque *BM* est peu étenduë, &c.

Scholie. Si les globes *A*, *B*, *C*, *D*, du côté *R* n'étoient point parfaitement incompressibles, mais plus incompressibles que les globes *a*, *b*, *c*, *d*, &c. du côté *Q*, tous les Principes auroient lieu à peu près.

SECONDE HYPOTHESE.

SUppoſons que la lumiere eſt propagée par des globules parfaitement polis, égaux, ſolides, incompreſſibles : que le pur ciel n'a que de ces globules mêlés de pure matiere ſubtile dans leurs intervalles : que l'air, l'eau, le verre, &c. outre leurs parties propres contiennent beaucoup de globules, mêlés de matiere ſubtile, le tout à peu près ſuivant l'idée de Deſcartes, à la réſerve peut-être de la parfaite ſolidité que je ſuppoſe pour la préciſion des démonſtrations.

Onzième Principe. Dans le pur Ciel les globules ſe touchent tous, & toujours immédiatement.

Démonſtrations. J'en indique

quelques-unes, dont chacune me paroît suffisante.

1o. Le contact des globules est actuel & immédiat, lorsqu'ils propagent actuellement la lumiere. Or ils la propagent tous & toujours.

2°. S'il y en avoit qui ne la propageassent pas actuellement, ils devroient pourtant se toucher, pour soutenir ceux qui la propagent actuellement.

3o. La précision infinie & éternelle de la lumiere dans ses divers Méchanismes, propagation, réflexion, réfraction; sa dilatation constante & mesurée en cones ou en secteurs sphériques, &c. tout cela n'a lieu évidemment que dans des globules toujours raprochés. On peut sans peine, & par le moïen d'une figure que je supprime pour abreger, démontrer géometriquement

ment l'irrégularité des incidences, la multiplicité des réfractions dans des globules qui nageroient librement, dans une matiere subtile sans consistence. Et il est démonstratif qu'une seule incidence irréguliere, ôteroit à un rayon toute sa rectitude. Nous verrions sans cesse les Astres, errans de mille manieres differentes.

4°. Tous les Astres font un continuel effort pour se dilater, & sont comme buttés contre le Ciel qui les environne. Les globules soutiennent cet effort, en bornent les progrès démesurés, tiennent les Astres dans leurs spheres, & dans un éternel équilibre, & nous transmettent à chaque instant, par des secousses promtes & réiterées, l'impression oscillatoire de cet effort. Tout cela ne convient qu'à des globules qui appuyent ferme les uns ſur les autres.

50. Voici une démonſtration primitive. J'avoue pourtant que les Cartéſiens peuvent en éluder la force, ſur un principe, dont cette démonſtration peut faire ſentir la fauſſeté Tous les corps viſibles de l'univers ſont compoſés de parties groſſieres, anguleuſes & inégales dans leur ſurface. Donc la matiere ſubtile coulant entre ces parties, & pouſſant leurs aſpérités les unes contre les autres, ou les heurtant ſimplement, communique à ces parties une force centrifuge, & au total des corps qui en ſont compoſés, une force méchanique d'expanſion, de dilatation (très-ſenſible dans les corps terreſtres, ſur-tout dans le feu, & par conſéquent auſſi dans le ſoleil) or les globules ſont parfaitement polis. Il leur convient donc de ſe

resserrer pour laisser dilater tout le reste

Scholie. Pour rendre la démonstration complette, peut-être ne faut-il qu'ajouter que, si le soleil étoit pure matiere fluide, les globules qui l'environnent devroient aussi se resserrer, n'étant séparés que par une matiere infiniment fluide; & le soleil seroit anéanti, ou réduit à quelques viles croûtes ou écumes.

Douziéme Principe. Les globules du Ciel ne laissent entr'eux que des intervalles triangulaires fermés.

Démonstration. Sans cesse pressés les uns contre les autres, parfaitement sphériques & polis, ils doivent dès le premier effort, & à plus forte raison à la longue, se jetter dans les angles de contingence les uns des autres, pour n'en plus sortir. C'est à peu près la disposition que prennent des grains de bled, sassés & resassés. Des boules d'yvoire & autres n'y manquent pas, lorsqu'on les agite un peu.

Troisiéme Principe. Dans l'air, l'eau, le verre, le crystal, &c. il y a autant de globules qu'il peut y en avoir; & ils y sont resserrés entr'eux aussi près qu'il est possible, en laissant aux parties de ces corps leur étendue naturelle. De sorte que supposant (seulement pour la démonstration) que les parties de ces substances sont des globules semblables aux autres, mais compressibles, le total de ces globules compressibles, & des globules incompressibles de la lumiere, soit arrangé comme dans la premiére Hypothese, & dans le second Principe; & que les globules de la lumiere ne puiſſent ſe remuer en aucune ſorte, ſans comprimer les globules de l'air, de l'eau, &c. avec quoi ils ſont mêlés. Toutes les démonſtrations du onziéme Principe ont lieu ici.

Scholies.

Cette conſtitution que je donne ici à l'Univers, n'eſt pas auſſi peu vraiſemblable qu'on pourroit le penſer. On veut, à quelque prix que ce ſoit, que le Ciel ſoit fort fluide, & que les Aſtres s'y meuvent très-librement. Là deſſus les Anciens ſont traités de ſots pour avoir donné de la ſolidité aux Cieux. Les Anciens ſeront tout ce que l'on voudra. Mais je doute que les Recens ayent des démonſtrations, ou même des preuves un peu préciſes de l'extrême fluidité des Cieux. Rien de plus mesuré, rien qui sente moins la liberté que les mouvemens des Astres. Parce que notre air, notre eau sont fluides (moins pourtant qu'on ne suppose les Cieux) les corps y ont des mouvemens libres, mais très irréguliers. Leurs parties s'y exhalent sans cesse, & s'y combinent pour former de nouveaux corps. Mais toutes ces libertés ne passent point l'athmosphere, ni la sphere des divers astres : & les generations du pur ciel ne sont point des affaires qu'on ait encore bien demontrées, bien incontestablement établies.

Il semble même que les astres ont besoin d'être un peu fixés par une certaine solidité, par une certaine impénetrabilité des cieux environans ; vû le violent penchant de leurs parties à se dissiper, au moins à ſe dilater. La gravité les fixe aſſez, dit-on. Mais il reſte à ſçavoir ſi cette gravité a d'autre cauſe que cette ſolidité bien expliquée. Je propoſerai là-deſſus bientôt mes conjectures.

Quoiqu'il en ſoit, il ſemble que le ſyſtême de la lumiere répanduë par tout, & toujours prête à ſe ranimer à la préſence des corps lumineux ou illuminés, & même toujours en action, ſa dilatation par des cones évaſés, ſolides même & nulle part interrompus, ſa régularité, ſa préciſion parfaite & inalterable, demandent que toutes les parties de cet Univers ſoient comme en reſſort, toujours comme bandées les unes contre les autres, par l'interpoſition des globules continus & reſſerrés. Mais ſuppoſé que la lumiere ſe propage par des globules, la conſtitution que je leur attribuë, me paroît démontrée. Ce n'est pas qu'on ne puisse appliquer les démonstrations à tout autre systême.

Du reste, c'est un Phénomene de la réfraction de la lumiere, que les Astres sont raprochés du Zenith, qu'ils paroissent avant leur lever, & ne disparoissent qu'après leur coucher. Phenomene difficile. Les prétendus ramuscules d'un air charpi, velu, herissé, n'y peuvent rien, au contraire ils devroient abaisser les Astres.

Mais ce n'est point l'air qui embarrasse les globules, il favorise leur mouvement. C'est la densité des raïons qui embarasse les raïons. Tous ceux qui se présentent pour passer du ciel dans l'air, de l'air dans l'eau, de l'eau dans le verre, n'y sont pas admis. Et ceux qui sont arrêtés, arrêtent les autres qui leur ſont enclavés. Ces corps plient pourtant un peu, & les raïons plient en conſéquence. Enfin la lumiere eſt un corps; le ciel en eſt tout imbibé, ce n'eſt que lumiere. L'air en a ſa part, mais moins que le ciel, l'eau moins que l'air, le verre moins que l'eau. Et celui qui en a le plus, a le plus d'embarras : concluez.

C'eſt encore un Phenomene important de la réfraction de la lumiere, qu'elle ſe fait avant que de paſſer d'un milieu dans un autre; & cela par des lignes courbes. Et même ſans ſortir du même milieu, & en paſſant près d'un corps plus ou moins denſe que le milieu. Car, quoique je n'en aye pas fait l'expérience, je ne doute pas que la lumiére en paſſant près d'une goutte d'eau ou d'air renfermée dans un cryſtal large, n'en ſoit comme repoussée par une ligne courbe, convexe du côté de l'eau ou de l'air, de la même maniere que *Grimaldi* & *Nevvton* ont observé que la lumiére de l'air étoit comme attirée par un corps plus dense, sous une courbe concave vers ce corps. Phenomenes que les globules desunis & mûs librement en tous sens, ne sçauroient expliquer, & dont les principes établis ici donnent l'explication facile.

Maintenant la maniere dont s'explique la réfraction par une simple réflexion, outre qu'elle ramene les systêmes de la réfraction & de la réflexion à un même systême, & la nature à la simplicité dont elle se pique par-tout; cette maniere, dis-je, mérite une attention particuliere. Bien des Philosophes paroissent n'avoir pas une idée assez nette de la réfraction. Ils la conçoivent comme un je ne sçais quel méchanisme secret, dont la nature ne nous fournit point ailleurs d'analogie sensible. On paroît même donner de l'intelligence à un corps, lorsqu'on le fait aller comme de lui-même & sans cause physique apparente vers le côté de la moindre résistance, comme par maniere d'attrait ou d'attraction. C'est une idée bien nette, bien physique, bien précise, de considerer un corps comme mû entre deux corps, tous deux mobiles ou pénétrables, lesquels le réflechissent partiellement, mais très-réellement vers deux côtés opposés, & dont le plus fort l'emporte.

Je finis en remarquant que dans toute réflexion, sur-tout de la lumiére, il se fait une véritable réfraction; & cela par la raison que les corps n'attendent pas à se toucher pour agir les uns sur les autres, & pour modifier leur mouvement les uns des autres. Un corps jetté sur du marbre, ou sur autre chose, commence à en être réflechi partiellement, c'est-à-dire à rompre & à détourner son mouvement, long-temps avant que d'atteindre ce corps : & la réflexion ou réfraction s'en fait par une courbe. Mais cette ligne courbe qui, dans les corps sensibles, est convexe vers le corps réflechissant, doit être concave, & par conséquent rebroussante au point de réflexion vers le corps solide dans le système de la lumiere. En quoi M. Newton paroît s'être mépris, & même contredit, aussi bien que dans la courbe de la réfraction. Au moins n'a-t'il pas remarqué que les courbes étoient tantôt concaves, tantôt convexes vers le même côté.

J'oublios que la courbure de la lumiére n'a pas besoin, pour être démontrée, qu'on conçoive des couches variables, quoique cela puisse y faire, mais très-peu.

Description de l'Orgue ou Clavecin oculaire, inventé & exécuté par M. le Pere Castel, fameux Mathématicien, & Jesuite à Paris, tirée d'une Lettre & mise en Allemand par Monsieur Tellemann, imprimée à Hambourg dans l'Imprimerie de Piscator en 1739. Ensuite traduite par M. C. résidant à Paris.

AVANT PROPOS.

Mes chers Lecteurs.

PLusieurs de mes amis m'ont encouragé à faire imprimer un plan de l'état actuel de la Musique de Paris. Je m'y suis laissé engager d'autant plus volontiers, que l'année derniere j'ai eu occasion de l'examiner de près, dans le voyage que je fis en France ; & d'y admirer l'habileté de tant de Maîtres de l'un & de l'autre sexe qui excellent dans cet Art. Et même pour détruire le préjugé qui s'est glissé en differens endroits de l'Europe contre la Musique Françoise, je me suis cru dans l'obligation de déclarer que cette Musique imite la nature, & qu'elle nous en rend les véritables beautés. Cependant le peu de loisir que j'ai eu depuis mon retour, a mis quelqu'obstacle à mon dessein. Mais il n'a pû m'empêcher de coucher par écrit une bonne partie de mes réflexions, qui, à ce que j'espere, paroîtront un jour accompagnées de celles qui m'occupent encore. En attendant, un de mes bons amis de Paris m'a écrit une lettre, où il fait mention d'un instrument merveilleux, &

dont on n'en a pas encore vû de pareil jusqu'à ce jour. Lorsque j'étois à Paris j'avois eu le plaisir d'en admirer la disposition, quoiqu'il ne fût pas encore achevé, & la sagacité jointe à la politesse de l'Auteur qui l'a inventé, me procura dans ce temps là une satisfaction toute particuliere. Pour servir de Préliminaire & d'Avant propos à l'ouvrage que je médite, je ne crois pouvoir rien faire de mieux, que de donner ici la substance de ce que m'en a écrit mon ami, avec une courte Paraphrase aux endroits qui m'ont paru l'exiger; & je crois que le Lecteur en verra, avec plaisir, cet échantillon.

DESCRIP-

DESCRIPTION
DE
L'ORGUE OU CLAVECIN
OCULAIRE DU P. CASTEL.

Par le célèbre M. TELLEMANN *Musicien.*

IL y a, mes chers Lecteurs, douze ou treize ans que Monsieur le Pere Castel Jesuite, publia dans le Mercure de Paris les premieres idées de son clavecin ou orgue oculaire, qui fit tant de brüit; des idées si neuves ne paroissant avoir alors pour objet qu'une simple spéculation que bien des gens crurent pouvoir taxer d'inutile, & même d'imaginaire ou de chimérique. L'Auteur, à la vérité, se défendit de les réaliser pendant neuf ou dix années. Mais enfin quelques personnes de ses amis l'engagerent insensiblement, & comme il le dit, sans qu'il s'en apperçût, à les mettre en exécution. C'est ce qu'il a fait de ses propres mains sans le secours d'aucun ouvrier, & il est parvenu au point d'avoir presque entierement achevé son ouvrage. Sans dédaigner cependant qui que ce soit, il ne fait point de mystere de son travail. Il le montre à tous ceux qui veulent le voir; & il en explique la disposition & le secret à quiconque souhaite d'en être éclairci.

Le fonds de cet ouvrage surprenant, consiste principalement dans l'octave graduée des couleurs. Il faut être Musicien pour en connoître la justesse, & un simple Peintre pourroit bien ne la pas sentir. Car c'est ici un instrument de musique & non pas de peinture.

1°. Il y a un son fondamental & primitif dans la nature, auquel nons pouvons, par les régles de l'Art, donner le nom de *ut* : & il y a aussi une couleur tonique originale & primitive, qui sert de base & de fondement à toutes les couleurs, c'est le *bleu*.

2°. Il y a trois cordes ou sons essentiels qui dépendent de ce ton primitif *ut*, & qui composent avec lui l'accord parfait primitif & original, qui est *ut*, *mi*, *sol* : il y a de même trois couleurs originales dépendantes du *bleu*, elles ne sont composées d'aucunes autres couleurs, & elles les produisent toutes. Ces trois sont *bleu*, *jaune*,

& *rouge*. Le bleu eſt ici la note du ton, le rouge eſt la quinte, le jaune eſt la tierce.

4°. Il y a cinq cordes toniques *vt*, *re*, *mi*, *ſol*, *la*, & deux ſemi-toniques qui ſont *fa* & *ſi*. Il y a pareillement cinq couleurs toniques auſquelles pour l'ordinaire toutes les autres ſe rapportent. C'eſt le *bleu*, le *verd*, le *jaune*, le *rouge*, le *violet*, & deux couleurs ſemi-toniques ou équivoques, qui ſont l'*aurore* & le *violant*, que le fameux Newton a mal à propos fait paſſer pour l'*orangé* & pour l'*indigo*.

4°. Des cinq tons entiers & des deux ſémi-tons naît l'échelle qu'on appelle diatonique *ut*, *re*, *mi*, *fa*, *ſol*, *la*, *ſi*, de même des cinq couleurs entieres ou toniques, & des deux demi ou ſémi-couleurs vient la gradation des couleurs qui se suivent, *bleu*, *verd*, *jaune*, *aurore*, *rouge*, *violet* & *violant*, car le bleu conduit au verd qui est demi-bleu & demi-jaune, le verd conduit au jaune, le jaune à l'aurore qui est un jaune doré. L'aurore méne au rouge, le rouge au violet qui a deux tiers de rouge contre un tiers de bleu, & le violet conduit au violant qui a plus de bleu que de rouge.

5°. Les tons entiers se partagent en demi-tons, & les cinq tons entiers de l'échelle ou gamme, y compris les deux demi-tons naturels, font douze demi-tons; sçavoir l'*ut* naturel, l'*ut dieze*; le *re*, le *re dieze*; le *mi*; le *fa*, le *fa dieze*; le *sol*, le *sol dieze*; le *la*, le *la dieze*; & le *si*. Il y a pareillement douze demi-couleurs, ou demi-teintes, & il ne peut y en avoir ni plus ni moins, selon l'aveu des Peintres mêmes, & comme on peut le démontrer par d'autres raisons. Ces couleurs sont le *bleu*, le *céladon*, le *verd*, *l'olive*, le *jaune*, *l'aurore*, *l'orangé*; le *rouge*, le *cramoisi*, le *violet*, l'*agathe* & le *violant*. Le bleu conduit au céladon, qui est un bleu verdâtre; le céladon méne au verd, le verd à l'olive, qui est encore un verd jaunâtre, l'olive conduit au jaune, le jaune à l'aurore, l'aurore à l'orangé, l'orangé méne au rouge couleur de feu, celui-ci au rouge cramoisi, qui est mêlé avec un peu de bleu, le cramoisi au violet, qui est encore plus bleu, le violet à l'agathe ou violet bleuâtre, l'agathe au violant ou *bleu-violant*, qui est un bleu tant soit peu ardent.

60. La marche des sons se fait dans un cercle, & comme ils sont

ſortis de l'*ut*, auſſi leur progreſſion les y ramene, *ut*, *mi*, *ſol*, *ut*, ou *ut*, *re*, *mi*, *fa*, *ſol*, *la*, *ſi*, *ut*. On appelle cela une octave, dans laquelle le dernier *ut* eſt de moitié plus aigu & plus retentiſſant que le premier.

Les couleurs forment de même leur progreſſion dans un cercle; & comme ce cercle commence au bleu, il y finit pareillement: car du rouge au cramoiſi il y a un degré vers le bleu. Du cramoiſi au violet un autre degré; à l'agathe de même; & le violant qui eſt preſque tout bleu, & où il y a ſeulement un œil rouge, conduit au bleu, qui eſt de moitié plus tranchant & plus clair que le premier bleu par où l'octave a commencé. Car toutes les couleurs à proportion qu'on y mêle du blanc, deviennent plus claires.

7°. Après une octave *ut*, *re*, *mi*, *fa*, *sol*, *la*, *si* en recommence une nouvelle qui est de moitié plus aiguë & plus retentissante que la premiere : & tout le cercle de la musique produit plusieurs octaves.

Monsieur le Pere Castel prouve dans divers Ecrits, par ses principes de Géométrie, qu'il n'y en a que douze de possibles, à compter depuis le tuyau d'orgue de 64. pieds jusqu'au plus haut tuyau possible d'une ligne & demie, qui au plus ne peuvent produire que 144. sons harmonieux possibles. Ce même Auteur a trouvé entre le blanc & le noir pareillement 144. couleurs possibles.

C'est au moyen de ces propositions que nous avons détaillées, que M. le Pere Castel a mis au jour tout l'arrangement de son nouvel nouvelle orgue ou clavecin, & de sa nouvelle Musique chromatique.

Cependant jusqu'ici nous n'avons encore que la moitié de la Musique. Le mouvement en fait l'ame, & ce mouvement consiste à faire entendre en differens tems differens sons, plus ou moins durables selon la mesure ou selon la Musique qui les régle.

Il s'agit donc ici de pouvoir, à son gré, montrer ou cacher les couleurs, de faire paroître tantôt le bleu, tantôt le rouge, puis le verd, le violet. Quelquefois le verd & le rouge successivement, tandis que le rouge demeure ou passe lentement devant nos yeux, ou seul, ou en compagnie d'autres couleurs.

Voulez-vous entendre un son d'orgue, vous posez le doigt sur le clavier, vous appuyez sur la touche, & à mesure qu'elle baisse par devant, & qu'elle leve par derriere, elle fait ouvrir une souspape, qui, en donnant passage au vent des soufflets, produit le son que vous désirez. Une autre touche ouvre une autre souspape, & fait sonner un autre tuyau. Et plusieurs touches baissées ensemble, ou successivement, font entendre plusieurs sons, ou à la fois, ou l'un après l'autre.

Comme la touche en pressant ou en tirant une targete, une pilote, ou un talon ouvre une souspape pour operer un son, de même le P. Castel s'est servi de cordons de soye, de fils-d'archal, ou de languettes de bois, qui, étant tirés ou poussés par le derriere ou le devant de la touche, ouvrent un coffre de couleurs, un compartiment, ou une peinture, ou une lanterne éclairée en couleurs.

De maniere qu'au même instant vous entendez un son, vous voyez une couleur relative à ce son. Ceci suffit pour l'instruction au sujet du mouvement musical des couleurs.

Plus les doigts courent & sautent sur le clavier, plus on voit de couleurs, soit en accords, soit dans une suite d'harmonie.

On fait plusieurs difficultés à Monsieur le P. Castel. On lui demande si le mouvement des couleurs peut faire une harmonie? Si ce mouvement sera agréable à la vüë? Si l'œil pourra sentir cette harmonie; &c. Ce qu'il y a de sûr, c'est qu'on ne sçauroit lui contester les vérités suivantes.

1°. que chaque son montrera toûjours une couleur. 2°. qu'un son bas fera voir une couleur foncée. 3°. Un son haut, une couleur claire. 4°. Un moyen, une moyenne. 5°. Un tel son, une telle couleur, *l'ut*, le *bleu*, le *re*, le *verd*, &c. 6°. Qu'avec les tons montans, les couleurs monteront aussi. 7°. Qu'avec les sons qui baissent, elles descendront. 8°. Quand la progression des sons se fera par degrés prochains, & en passant par des tons ou sémi-tons, la progression des couleurs se fera de même par degrés prochains, & par des demi-couleurs, ou demi-teintes. 9°. Quand le progrès des sons ira par degrés éloignés; sçavoir, par tierce, quarte, quinte ou sixte, il en sera de même à l'égard du progrès des couleurs, où l'on passera à des couleurs tranchantes; du bleu au jaune, du jaune au rouge, du rouge au verd, du verd au cramoisi. 10°. Qu'à l'*ut* on verra toujours le bleu, au *re* le verd; au *sol* le rouge, au *si* le violant. 11°. Que trois sons representeront trois couleurs : trois sons qui se suivent, trois couleurs qui se suivent : trois sons à la fois, trois couleurs à la fois, & ainsi de suite.. 12°. Qu'un mouvement rapide des sons, opérera le même dans dans les couleurs, & aussitôt qu'on entend deux, trois, quatre ou cinq sons, on verra deux, trois, quatre ou cinq couleurs. 13°. Qu'un mouvement lent des sons occasionnera pareil mouvement dans les couleurs. 14°. Qu'en liant les sons, les couleurs se trouveront aussi liées. 15°. Qu'en faisant une fugue de sons, il y aura fugue dans les couleurs. Car la fugue n'étant autre chose qu'une répétition des mêmes sons dans la mesure prescrite; il s'ensuit nécessairement une fugue en couleurs, par la répétition des couleurs en la mesure prescrite. En un mot on ne pourra contester que tout ce qui regarde la mesure & le mouvement, ne soit relatif & commun entre les sons & les couleurs; attendu que chaque couleur est unie à un son, & qu'on ne peut indiquer ce son sans indiquer en même temps la couleur qui s'y rapporte.

Pour ce qui concerne le doute qu'on fait, sçavoir, si ces couleurs aussi étroitement unies avec les sons, plairont à la vûe. Je réponds: les sons ne peuvent plaire, que par une diversité clairement marquée. Les couleurs sont aussi differentes que les sons. Elles ont un rapport & une harmonie entre elles. L'œil peut les joindre & combiner, il en peut faire la comparaison. Il peut en sentir l'ordre & le desordre.

De cette diversité que produiſent les differens objets, naît une ſenſation qui remue l'ame, & excite au plaiſir. En un mot ſi le vrai charme de l'oreille conſiſte à s'appercevoir à tout moment de la varieté des ſons, & à la remarquer ſucceſſivement, & quelquefois dans un court eſpace de tems. Ce qui remue l'ame, & l'empêche de tomber dans un abbattement qui réſulte de la monotonie, le charme des yeux conſiſte de même à s'appercevoir de la varieté des couleurs, & à la remarquer, ſouvent ſucceſſivement, & quelquefois dans un court eſpace. Ce qui préſerve l'ame de l'ennui que lui cauſeroit l'uniformité des couleurs. Concluons. L'ame reçoit, par la diverſité des couleurs, le même divertiſſement qu'elle reçoit par la diverſité des ſons.

FIN.

APPROBATION.

J'AI lû par ordre de Monseigneur le Chancelier, *L'Optique des Couleurs*. L'Ouvrage répond à la réputation de l'Auteur ; ce sont des Observations fines, délicates & neuves : il falloit le génie de ce Géometre pour en tirer toutes les conséquences dont ce Traité est rempli. Fait à Paris ce 18. Mai 1739.

MONTCARVILLE.

PRIVILEGE DU ROY.

LOUIS, par la grace de Dieu, Roi de France & de Navarre, à nos amés & féaux Conseillers les Gens tenans nos Cours de Parlement, Maîtres des Requêtes ordinaires de notre Hôtel, Grand-Conseil, Prevôt de Paris, Baillifs, Sénéchaux, leurs Lieutenans Civils & autres nos Justiciers qu'il appartiendra. SALUT. Notre bien-amé *Antoine-Claude Briasson*, Libraire à Pa-

www.ingramcontent.com/pod-product-compliance
Ingram Content Group UK Ltd.
Pitfield, Milton Keynes, MK11 3LW, UK
UKHW021840190726
13855UKWH00001B/71

9 782013 467902